“双碳”目标下智能电网故障检测的小波应用

龚 静 著

机 械 工 业 出 版 社

践行“双碳”战略，能源是主战场，电力是主力军，电网是排头兵。智能电网是实现能源转型的关键，是推动能源革命的重要手段。本书契合该背景展开研究，将具有时频局部化特性的小波变换用于智能电网的故障检测，主要内容包括基于小波阈值去噪的电能扰动信号检测、电网谐波检测、单相接地故障选线方法研究、分布式电源接入对保护检测短路电流的影响等。本书实现了小波变换与电气实际问题的有机结合，对诸多细节关键问题给出了全新的观点并进行了验证。希望本书能为建设智能电网提供很好的技术支撑。

本书适用于关注能源转型及从事智能电网技术研究的专业人士，也可作为高等院校相关专业师生的参考用书。

图书在版编目（CIP）数据

“双碳”目标下智能电网故障检测的小波应用/龚静著. —北京：机械工业出版社，2023.6（2024.8 重印）

ISBN 978-7-111-73409-3

Ⅰ.①双… Ⅱ.①龚… Ⅲ.①小波理论-应用-智能控制-电网-故障诊断-研究 Ⅳ.①TM727

中国国家版本馆 CIP 数据核字（2023）第 115094 号

机械工业出版社（北京市百万庄大街 22 号 邮政编码 100037）

策划编辑：王 欢 责任编辑：王 欢

责任校对：龚思文 王 延 封面设计：严娅萍

责任印制：常天培

北京机工印刷厂有限公司印刷

2024 年 8 月第 1 版第 2 次印刷

184mm×260mm · 8.25 印张 · 203 千字

标准书号：ISBN 978-7-111-73409-3

定价：49.00 元

电话服务 网络服务

客服电话：010-88361066 机 工 官 网：www.cmpbook.com

010-88379833 机 工 官 博：weibo.com/cmp1952

010-68326294 金 书 网：www.golden-book.com

机工教育服务网：www.cmpedu.com

前 言

2021 年 3 月 15 日，习近平总书记在中央财经委员会第九次会议上强调，“实现碳达峰、碳中和是一场广泛而深刻的经济社会系统性变革，要把碳达峰、碳中和纳入生态文明建设整体布局，拿出抓铁有痕的劲头，如期实现 2030 年前碳达峰、2060 年前碳中和的目标。”这是从生态文明建设的高度对我国碳达峰、碳中和目标的诠释。我国提出的“双碳”目标是融入世界低碳发展潮流的重大战略决策，不仅事关中华民族永续发展，而且事关构建人类命运共同体。从行业看，2020 年，我国的二氧化碳排放中，能源消费碳排放约占 90%；在能源行业中，发电行业碳排放最高，占能源行业碳排放的 40% 以上。因此，践行“双碳”战略，能源是主战场，电力是主力军。智能电网是实现能源互联的纽带和核心，是能源的基础支撑平台。智能电网支持清洁能源入网，提升可再生能源的比例；实现电网与用户有效互动，提高用电效率；促进低碳经济发展，实现节能减排效益。

本书契合“双碳”背景展开研究，将具有时频局部化特性的小波变换用于智能电网的故障检测。小波变换以其没有固定的核函数和可以提供一个可变的时频窗的特点，因而较传统的傅里叶变换体现出极大的优越性。如何做到小波理论与工程实际应用的有机结合，是一个富有挑战性的难题，因为这不仅需要对小波理论有较深的理解，同时还必须有从事工程应用性课题的研究实践。本书正是作者多年来研究成果的结晶。希望本书介绍的内容为读者在小波技术方面建立起理论联系实际的桥梁，为更好地从事小波研究，特别是小波应用于工程实际，奠定良好的基础。

本书共 8 章：第 1 章介绍智能电网，重点阐述了“双碳”目标下的能源发展模式及其四个革命；基于国内外智能电网发展现状，引入新型电力系统行动方案；对于“双碳”目标下智能电网面临的挑战进行了分析探索。第 2 章介绍小波变换及 Mallat 算法，同时给出了电力工程中常用的小波函数。第 3 章提出了一种新型可控阈值函数和阈值算子优化的小波去噪算法，并用于电压中断和谐波扰动的检测，在去噪的同时有效保留了扰动的突变信息。第 4 章基于对小波特性的分析，给出了电能信号去噪中小波选取原则，并应用不同小波对比去噪性能。第 5 章基于能量熵的概念，提出了基于特征尺度和有效区间确定新阈值的算法；针对多种电能扰动信号的实验结果表明，该算法能准确检测出扰动故障时刻，且误差很小。第 6 章介绍了应用小波变换实现智能电网的谐波检测。第 7 章给出了智能配电网单相接地故障线路的选择方法，特别针对选线难度大的几种情况进行了深入研究。第 8 章探析了分布式发电容量、接入位置、短路发生位置三个因素对短路电流的影响。

本书是国家公派留学基金（201809960015）项目资助的研究成果之一。作者在此向基金项目及提供帮助的各位学者、专家表示由衷的感谢！

由于作者水平有限，不妥之处恳请读者和同行专家批评指正。

作者　龚静

2023 年 1 月

目 录

第 1 章

智能电网

1.1 “双碳”目标下的智能电网——新能源体系的中枢

1.1.1 “双碳”目标下的能源发展模式

2016 年，全球 178 个缔约方共同签署了《巴黎协定》，意味着积极应对全球气候变化正从共识走向实际行动。《巴黎协定》对 2020 年后全球应对气候变化的行动做出了统一安排，明确了全球应对气候变化的长期目标。《巴黎协定》代表了全球绿色低碳转型的大方向，是保护地球家园需要采取的最低限度行动。

2020 年 9 月 22 日，国家主席习近平在第七十五届联合国大会一般性辩论上的讲话提出，“中国将提高国家自主贡献力度，采取更加有力的政策和措施，二氧化碳排放力争于 2030 年前达到峰值，努力争取 2060 年前实现碳中和”。作为世界上最大的发展中国家和二氧化碳排放国，我国明确提出碳达峰、碳中和的“双碳”战略目标，彰显了我国积极作为的决心与担当，对全球有效应对气候变化和践行绿色低碳发展意义重大。

根据英国石油（BP）公司发布的《2021 年世界能源统计年鉴》，2020 年我国二氧化碳排放总量为 98.99 亿 t，占世界排放总量的 30.7%，位居全球第一，如图 1-1 所示；第二为美国，占世界排放总量的 13.8%；印度、俄罗斯和日本二氧化碳排放量较高，分别占全球排放总量的 7.1%、4.6%和 3.2%；欧盟二氧化碳排放总量为 25.51 亿 t，占世界排放总量的 7.9%。

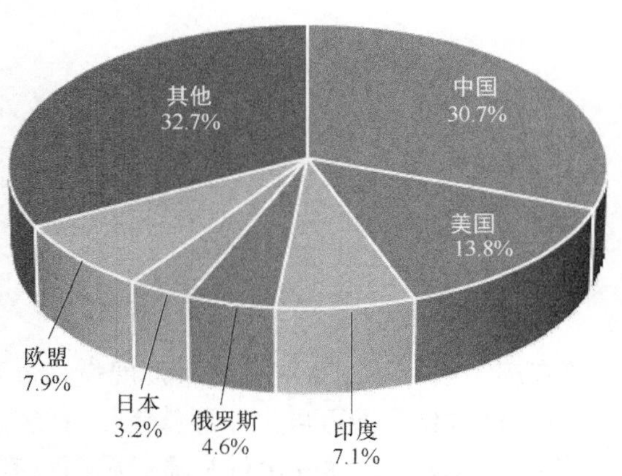

图 1-1　2020 年各国家和地区二氧化碳排放占比

据估计，2010 年我国已成为世界第一大能源消费国。从行业看，我国能源消费二氧化碳排放量占比约为 90%，那么 2030 年和 2060 年减碳目标的实现离不开能源转型发展，必须坚定不移走生态优先、绿色低碳的高质量发展道路。过去几十年，可再生能源在全球能源生产及消费中的比重不断提升。根据英国石油公司的统计数据，石油在全球一次能源消费结构中的占比从 1980 年的 46%下降到 2020 年的 31%，可再生能源在全球一次能源消费结构中的占比从 20 年前的不到 1%稳步上升至 2020 年的 6%，如图 1-2 所示。在能源行业中，发电行业碳排放最高，占能源行业碳排放的 40%以上，这也说明践行“双碳”战略，能源是主战场，电力是主力军。从 2010 年到 2020 年，全球风电装机容量从 1.8 亿 kW 增加到 7.3 亿 kW，光伏装机容量从4000万kW增加到7.1亿kW。全球煤炭发电量的占比稳步下行，从2010年的40%降低到2020年的35%；石油和天然气发电量在全球电力结构中的占比从2010年的28%降至2020年的26%；可再生能源发电量的占比稳步上升，从2010年的4%增加到2020年的12%，如图1-3所示。

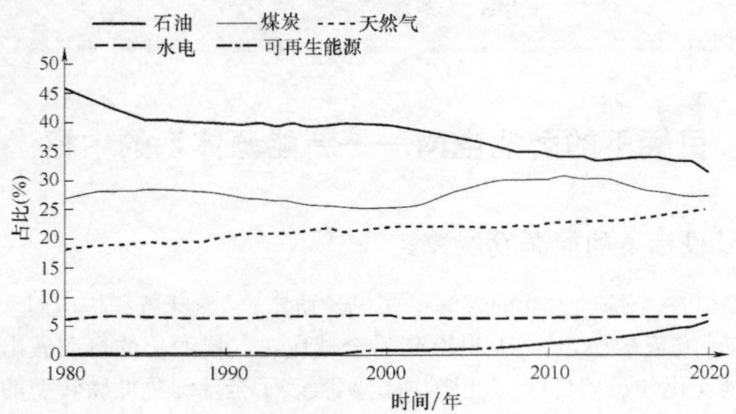

图1-2　1980~2020年全球一次能源消费结构变化

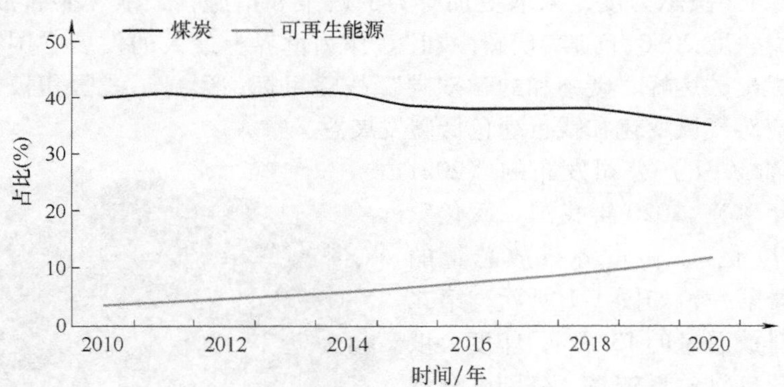

图1-3　2010~2020年可再生能源发电量和煤炭发电量在全球电力结构中的占比变化

"双碳"目标下未来能源转型发展模式主要体现在以下几方面。

（1）低碳化，即可再生能源替代化石能源

传统的煤炭、石油等化石能源资源储量有限，且长期的开采带来了环境污染、气候变化等问题，而非化石能源资源蕴藏极其丰富且开发利用对环境影响小，在保障社会经济发展的同时，能源消费结构正在不断发生变化，能源格局从以传统化石能源为主转向以风能、太阳能、生物质能等非化石能源为主。《中共中央　国务院关于完整准确全面贯彻新发展理念做好碳达峰碳中和工作的意见》明确提出，到2060年非化石能源消费占比达到80%以上。那么，"双碳"目标下我国非化石能源在一次能源消费中的占比变化趋势如图1-4所示。

（2）分布化，即分布式能源替代集中式能源

传统的能源系统通过集中式的能源基地开发和远距离的输送通道形成集中、单向、自上而下的供能用能模式，而大多数可再生能源资源呈现分布式特点，更靠近用户，减少了能量输送损耗，效率更高。分布式能源包括多种技术，如分布式发电、储能、天然气冷热电三联

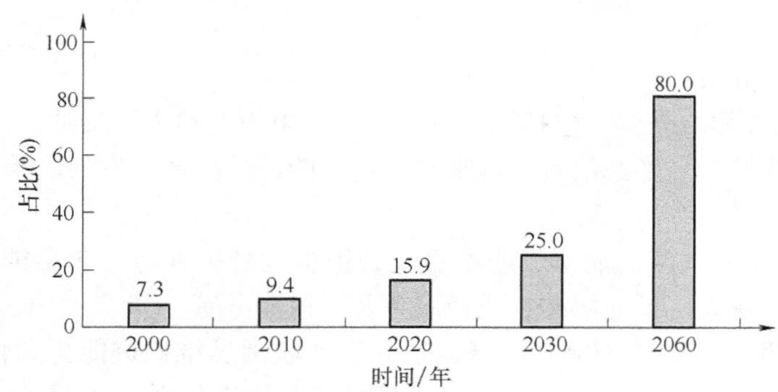

图1-4 “双碳”目标下我国非化石能源在一次能源消费中的占比变化趋势

注：2030年和2060年数据为预测值。

供、小型生物质能源、屋顶光伏、电动汽车和电采暖技术等。其中，电动汽车和电采暖技术将是终端电气化的主要驱动力。能源供给形态从集中式、一体化向多种能源协同、供需双向互动，转变成为可再生能源的利用开辟新的途径。分布式能源替代集中式能源也是未来能源发展的趋势。

（3）智能化，即高度互联的能源系统

完整的能源体系包含煤炭、石油、天然气和各种可再生能源的能源生产系统，以及冷、热、电、动力等多类型的能源消费系统，并通过电网、管网、交通网等各种传输网络实现能源生产端和能源消费端的互联互通，通过多种能源的优势互补能够充分提升能源的利用效率。

随着传感、信息、通信、控制等技术与能源系统的不断深度融合，利用自动化、信息化等智能化手段实现多种类型能源的协同优化和跨系统转换，统筹电、热、冷、气等各领域的能源需求，实现能源综合梯级利用，未来能源体系必将向多能互补、能源与信息通信技术深度融合的智能化方向发展。

1.1.2 智能电网和“互联网+”智慧能源

智能电网是将先进的传感测量技术、信息通信技术、分析决策技术和自动控制技术与能源电力技术及电网基础设施高度集成的新型现代化电网。智能电网的智能化主要体现在以下4方面：

1）可观测，采用先进的传感测量技术，实现对电网的准确感知。

2）可控制，对观测对象进行有效控制。

3）实时分析和决策，实现从数据、信息到智能化决策的提升。

4）自适应和自愈，实现自动优化调整和故障自我恢复。

智能电网是面向未来的电网。它以电为核心，研究未来能源的发展，包括能源的清洁化和高效利用，注重提升电网的灵活性、适应性和柔性化，提升接纳多种能源和多元用户的能力，实现能源的清洁高效，提升可再生能源的比例。

智慧能源是面向未来的能源网。它以多种能源的利用和综合能源供应为核心，研究未来能源的发展。智慧能源是指充分开发人类的智力和能力，通过技术创新和制度变革，在能源开发利用、生产消费的全过程和各环节融汇人类独有的智慧，建立和完善符合生态文明和可持续发展要求的能源技术和能源制度体系。简而言之，智慧能源就是指拥有自组织、自检查、自平衡、自优化等智能特征，满足系统安全、清洁低排放和经济效益等要求的能源开发、利用形式。

智慧能源的范畴如下：

1）从涉及的能源领域来看，包括油、气、煤炭、电力、热力、交通、新能源及可再生能源等所有能源工业领域；从能源消费过程来看，包括能源的生产开发（转换）、储运和消费使用等各个环节。

2）从业务类型来看，涉及能源工业本身及其衍生的各类业务，包括能源资源前期工作、战略规划、基础设施建设、行业协调、用户服务及增值业务等。

"互联网+"智慧能源，即能源互联网，是基于互联网思维推进能源与信息深度融合，构建多种能源优化互补、供需互动开放共享的能源系统和生态体系。能源互联网是一种互联网与能源生产、传输、存储、消费及能源市场深度融合的能源产业发展新形态，具有设备智能、多能协同、信息对称、供需分散、系统扁平、交易开放等主要特征。能源互联网是推动我国能源革命的重要战略支撑，对提高可再生能源占比，促进化石能源清洁高效利用，提升能源综合效率，推动能源市场开放和产业升级，形成新的经济增长点，提升能源国际合作水平具有重要意义。

国家发展改革委与国家能源局发布的《能源技术革命创新行动计划（2016—2030年）》明确指出了能源互联网的技术创新目标：

1）2020年目标。初步建立能源互联网技术创新体系，能源互联网基础架构、能源与信息深度融合及能源互联网相关应用技术取得重大突破并实现示范应用。部分能源互联网核心装备取得突破并实现商业化应用。建立智慧能源管理与监管技术支撑平台。初步建立开放的能源互联网技术标准、检测、认证和评估体系。

2）2030年目标。建成完善的能源互联网技术创新体系。形成具有国际竞争力的系列化、标准化能源互联网核心技术装备，核心设备和发展模式实现规模化应用。形成完善的能源互联网技术标准、检测、认证和评估体系，以及具有国际竞争力的能源互联网支撑系统和行业服务体系。

3）2050年展望。全面建成国际领先的能源互联网技术创新体系，引领世界能源互联网技术创新。建成基础开放、共享协同的能源互联网生态体系。

智能电网体系架构为能源互联网打下了良好的基础。一方面，电力行业由于生产安全性和稳定性的要求，技术装备水平在整个能源行业内处于领先水平。其在生产控制自动化技术方面处于先进水平，在信息化方面也处于较高水平。电力生产、调度自动化系统的应用已成熟。智能电网中各项先进技术的应用覆盖了电力系统的各个环节，具有很好的技术条件成为智慧能源网络的核心。另一方面，电网与广大用户关系密切，电力是不可或缺的二次能源，相对其他能源行业有着独特的优势，因此智能电网具有良好的推广和带动基础。在为客户提供电力的同时，它可以通过市场和价格的杠杆作用引导节约用电、合理用电、科学用电，成为一个环境友好、可持续的能源服务平台，从而可以带动能源消费方式和观念的变革，有条件成为智慧能源网络的基础平台。

智能电网是实现智慧能源互联的纽带和核心，是智慧能源的基础支撑平台。"互联网+"智慧能源强调互联网技术与互联网思维对能源系统的颠覆，指的是以电力系统为核心，以分布式可再生能源为主要一次能源，与天然气网络、交通网络等其他系统紧密耦合而形成的复杂多网流系统。面向电力改革、能源市场化的新趋势，"互联网+"智慧能源将有如下优势：

1）提高能源行业互联网化成熟度，还原能源商品属性，并以新的技术带动新的产业，创造新的经济增长点。

2）借助互联网技术与互联网平台，实现传统能源的智慧化升级，更有效地支持新能源的灵活接入，持续提高能源利用效率。

1.1.3 “双碳”目标下的能源四个革命

“十四五”时期是落实“四个革命、一个合作”能源安全新战略（见图1-5），推进能源转型、落实“双碳”目标、推动经济高质量发展、构建新发展格局的关键时期。“双碳”目标的提出，促进了电力工业功能进一步拓展。电力工业功能由保障用电、电力系统清洁高效发展、促进能源资源优化配置、促进全社会节能减排，进一步向能源系统低碳转型和全社会低碳转型拓展。电力工业功能拓展将加快我国以煤电为主体的高碳电力系统向以可再生能源为主体的低碳系统转变，这个转变是根本性的转变。智能电网是能源转型的关键，也是推动能源革命的重要手段。

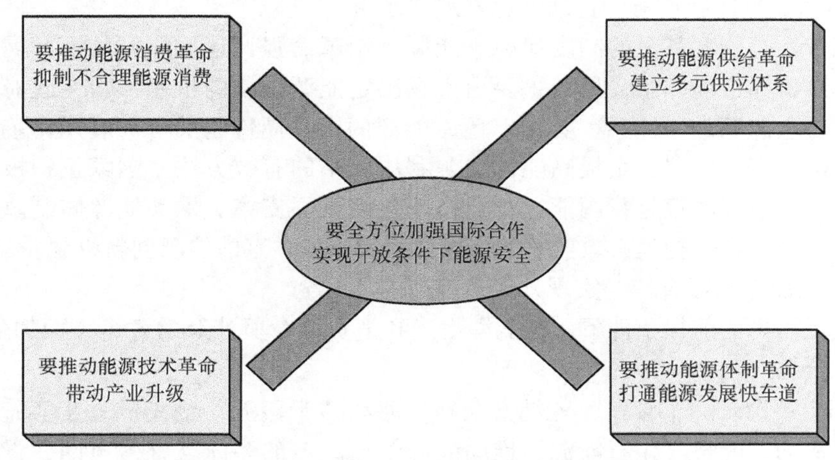

图1-5 “四个革命、一个合作”能源安全新战略

（1）要推动能源消费革命，抑制不合理能源消费

能源消费革命是能源系统转型升级的重要举措。其侧重于从能源消费侧入手，核心是提高消费终端的能源利用效率，并提倡节能，建立节能型社会，降低能耗。在我国，用户侧节能增效和提高终端能源利用效率的潜力巨大。将传统重视源端的节能改造转移到用户终端，是能源转型升级的重要举措。对于传统电网，我国电力终端能效提升的技术除了一般的更换更节能设备以外，更重要的技术措施还是实施电力需求侧管理。电力需求侧管理指的是电力企业采用行政、技术或经济等手段，与用户共同协力提高终端用电效率，改变用电方式。要广泛开展需求侧响应，提供多样互动的用电服务，促进分布式能源发展，提升终端能源使用效率。

（2）要推动能源供给革命，建立多元供应体系

能源供给革命是能源革命的重要支撑。其主要内容包括大力推进煤炭清洁高效利用，着力发展非煤能源，形成煤、油、气、核、可再生能源等多轮驱动的能源供应体系，同步加强能源输配网络和储备设施建设。从能源供给革命的需求看，推动能源供应体系转型升级的核心在于提高新能源的利用比例，并基于新能源利用比例的提高，调整能源利用结构，实现能

源结构由高碳能源向低碳能源发展，解决能源资源难以为继和生态环境不堪重负的问题。助力能源供给革命要提升电网优化配置多种能源的能力，实现能源生产和消费的综合调配，满足大规模可再生能源开发，保障能源供给安全和可持续发展。

（3）要推动能源技术革命，带动产业升级

能源技术革命是能源转型升级的关键。"双碳"目标下，传统能源产业持续优化升级，清洁发电、电化学储能、新能源汽车、碳捕集利用与封存、生物质能-碳捕集与封存、氢能等新技术新产业快速发展，通过能源技术革命，可以加快调整高消耗、高污染、低效益的传统产业结构，形成有利于能源节约利用的绿色、循环、低碳的现代产业体系。智能电网通过促进新能源、储能、电力电子设备、通信信息等核心产业研发部署，着力推动数字化、大数据、人工智能技术与能源清洁高效开发利用技术的融合创新，推动高比例可再生能源电网运行控制、主动配电网、能源综合利用系统、大数据应用等关键技术突破，大力发展智慧能源技术，把能源技术及其关联产业培育成带动产业升级的新增长点，全面提升能源科技和装备水平。

（4）要推动能源体制革命，打通能源发展快车道

能源体制革命是能源革命的制度保障。能源体制革命强调还原能源的商品属性，构建有效竞争的市场结构和市场体系，形成主要由市场决定能源价格的机制，转变政府对能源的监管方式，建立健全能源法治体系。其中，还原能源的商品属性是关键。利用市场机制、经济学去引导能源的生产和消费，是提高能源资源利用效率的有效方法。国家正积极推进电力体制改革，提出的一系列政策是我国能源行业市场化的重要支撑。推动能源体制革命就要建立多元互动能量流通平台，构建有效竞争的市场体系和开放共享的能源创新机制。

（5）全方位加强国际合作，实现开放条件下能源安全

在主要立足国内的前提条件下，在能源生产和消费革命所涉及的各个方面加强国际合作，有效利用国际资源。

随着"四个革命、一个合作"能源安全新战略和"十四五"规划的逐步实施，我国在推动能源消费革命的电能替代化石能源、推动能源供给革命的多能互补微电网建设、推动能源技术革命的人工智能等新技术、推动能源体制革命的电力市场建设、加强国际能源合作的"一带一路"电力工程调试试验等方面，积累了丰富的项目经验和技术成果，拥有足够的技术储备和市场机遇参与构建现代能源体系。

1.2 新型电力系统行动方案

1.2.1 国外智能电网发展现状

1. 美国

美国的智能电网又称统一智能电网（unified national smart grid），是指将分散的智能电网结合成全国性的网络体系。这个体系主要包括，通过统一智能电网实现美国电力网络的智能化，解决分布式能源体系的需要，以长短途、高低压的智能电网联结客户电源；在保护环境和生态系统的前提下，营建新的输电网，实现可再生能源的优化输配，提高电网的可靠性和清洁性。这个系统目的在平衡整合类似美国亚利桑那州的太阳能发电和俄亥俄州的工业用电等跨州用电的需求，实现美国全国范围内的电力优化调度、监测和控制，从而实现美国整体的电力需求管理，实现美国跨区的可再生能源提供平衡。

这个体系的另一个核心是解决太阳能、氢能、水能和车辆电能的存储，帮助用户出售多余电力，包括解决电池系统向电网回售富余电能。实际上，这个体系就是以可再生能源为基础，实现美国发电、输电、配电和用电体系的优化管理。另外，美国的这个计划也考虑了加拿大、墨西哥等的电力整合合作。

美国智能电网5大基本技术：第一，综合通信及连接技术，实现建筑物实时控制及信息更新，使电网的每个部分既能“说”又能“听”；第二，传感及计量技术，支持更快、更精确的信息反馈，实现用电侧遥控、实时计价管理；第三，先进零部件制造技术，产品用于电力储存、电网诊断等方面的最新研究；第四，先进的控制技术，用于监控电网必要零部件，实现突发事件的快速诊断及快速修复；第五，接口改进技术，支持更强大的人为决策功能，让电网运营商和管理商更具远见性和前瞻性。

美国智能电网建设主要关注两个方面：一方面是升级改造老旧电力网络，以适应新能源发展，保障电网的安全运行和可靠供电；另一方面是在用电侧和配电侧最大化利用信息技术，采用电力市场和需求侧响应等措施，实现节能减排及电力资产的高效利用，更经济地满足供需平衡。

从美国智能电网投资项目的领域和资金分配来看，美国发展智能电网的重点在配电和用电，注重推动新能源发电发展，注重商业模式的创新和用户服务的提升。美国发展智能配电网系统的关键技术主要包括，高级配电自动化技术和配电管理领域。高级配电自动化技术是在传统的配电自动化系统中增加相应功能，来解决分布式能源、电动汽车接入带来的问题，降低网损和能源消耗；配电管理技术是将停电管理系统和高级量测系统集成，提高用户停电管理水平、供电可靠性和工作效率。美国智能用电的解决方案的核心是需求响应，通过终端系统、表计数据管理系统、需求响应管理系统的建设及实施动态电价等措施，使具备调节能力的发电和用电设备参与需求响应。

2. 欧洲

欧洲智能电网建设的驱动因素可以归结为市场、安全与电能质量、环境三方面。受到来自开放的电力市场的竞争压力，欧洲电力企业亟待提高用户满意度，争取更多用户。因此，提高运营效率、降低电力价格、加强与客户互动就成为欧洲智能电网建设的重点之一。与美国电力用户一样，欧洲电力用户也对电力供应和电能质量提出了更高要求，而对环境保护的重视及日益增长的新能源并网发电的挑战，使欧洲更加关注新能源的接入和高效利用。

欧洲国家发展智能电网主要是促进并满足风能、太阳能和生物质能等可再生能源快速发展的需要，把可再生能源、分布式电源的接入及碳的零排放等环保问题作为侧重点。目前，欧洲各国结合各自的科技优势和电力发展特点，开展了各具特色的智能电网研究和试点项目。

德国在能源转型和电网智能化方面处于领先位置。2008年德国联邦环境部、经济技术部和德国工业联合会在智能电网的基础上推出了E-Energy计划，提出在整个能源供应体系中实现完全数字化互联及计算机控制和监测的目标。E-Energy计划充分利用信息和通信技术开发新的解决方案，以满足未来以分布式能源供应为主的电力系统需求，实现电网基础设施与用电器之间的相互通信和协调。E-Energy计划覆盖德国的6个示范区，研究接纳高比例可再生能源的电力系统，最终目标是实现100%可再生能源。

丹麦政府计划在2050年全面摆脱化石燃料，实现零碳社会，构建的未来能源系统将涵盖海上风力发电，潮汐发电，陆上电动、混合动力汽车，太阳能、地热能发电及储能。除大力推广能源系统计划外，丹麦还通过技术创新及推广建筑节能规范等方式不断提高能效。丹麦在2013年启动了新的智能电网战略，推进消费者自主管理能源消费。该战略以小时计数的新型智能电能表为基础，建设"智能电能表+家庭能量管理""智能电能表+电动汽车"等多种系统，采取多阶电价的措施，鼓励消费者在电价较低时用电。

3. 日本

日本发展智能电网的目的是，解决资源匮乏问题，促进能源高效利用。日本构建智能电网以新能源为主。日本根据自身国情，主要围绕大规模开发太阳能等新能源，确保电网系统稳定，来构建智能电网。2009年，日本政府公布了其在2020年、2030年和2050年的温室气体减排目标，大力促进可再生能源的规模化开发。

日本智能电网的发展采取政府主导、行业协会组织敦促、研究机构积极投入、电力企业主推、相关设备企业联手参与的模式。对日本来说，发展智能电网主要面对的问题是如何应对越来越多的接入电网的屋顶光伏、燃料电池等分布式电源。因此，日本将家庭能效管理、建筑能效管理、电动汽车交通能源管理及"光伏发电+储能"等方面作为智能电网的发展方向和主要模式。

2011年9月，日本数字电网联盟成立，并倡导"数字电网"计划。日本数字电网建立在信息互联网上，用互联网技术为其提供信息支撑，通过逐步重组电力系统，逐渐把同步电网细分成异步自主但相互联系的不同大小的子电网，给发电机、电源转换器、风力发电场、存储系统、屋顶太阳电池及其他电网基础结构等分配相应的IP地址。而东京燃气（Tokyo Gas）公司则提出了更为超前的综合能源系统解决方案，即在上述传统综合供能系统基础上建设覆盖全社会的氢能供应网络。

1.2.2 中国智能电网发展现状

我国智能电网的建设大致可以划分为以下4个阶段：

1）2010年以前——主干网基建时期。

2）2011~2015年——自动化升级及智能化起步期。

3）2015~2020年——信息化升级及智能化扩散期。

4）2021年后——配电网智能化及新型电力系统建设期。

"双碳"目标下，智能电网建设对于促进节能减排、发展低碳经济具有以下重要意义：

支持清洁能源机组大规模入网，加快清洁能源发展，推动我国能源结构的优化调整；引导用户合理安排用电时段，降低高峰负荷，稳定火电机组出力，降低发电煤耗；促进特高压、柔性输电、经济调度等先进技术的推广和应用，降低输电损失率，提高电网运行经济性；实现电网与用户有效互动，推广智能用电技术，提高用电效率；推动电动汽车的大规模应用，促进低碳经济发展，实现减排效益。

我国建设坚强智能电网以特高压电网为骨干网架。2010年及以前，我国特高压输电线路进度较为缓慢，2011年后速度显著加快。2022年，特高压项目提速，如国家电网公司计划开工"10交3直"共13条特高压线路。"十四五"期间，国家电网公司规划建设特高压工程"24交14直"，涉及线路3万余千米，总投资达3800亿元。

加快建设坚强智能电网，为大规模开发、远距离输送和大范围消纳可再生能源提供了强大的能源配置平台。根据规划，2020年国家电网公司经营区域内的水电、核电、风电、太阳能等装机容量比2005年分别增加约15 660万kW、5018万kW、9725万kW和1820万kW。按照水电、核电、风电、太阳能发电年利用小时数分别为3500h、7500h、2000h和1400h测算，与2005年相比，2020年国家电网公司经营区域内清洁能源发电量增加1.14万亿kW·h，可减少煤炭消费3.93亿t标准煤，可实现二氧化碳减排约10.88亿t。

1.2.3 “双碳”目标下的新型电力系统行动方案

随着《中共中央 国务院关于完整准确全面贯彻新发展理念做好碳达峰碳中和工作的意见》《2030年前碳达峰行动方案》等重要文件的提出和贯彻落实，能源行业的改革如火如荼。与之相应的，国家电网公司于2021年底发布了《构建以新能源为主体的新型电力系统行动方案（2021—2030年）》，南方电网公司也发布了《南方电网公司建设新型电力系统行动方案（2021—2030年）白皮书》等文件，全面推进新型电力系统建设，服务国家“双碳”目标。推动构建以新能源为主体的新型电力系统，打造坚强智能电网是关键、推进源网荷储协同互动是支撑、发挥体制优势是保障。

1. 战略意义

构建以新能源为主体的新型电力系统，是以习近平同志为核心的党中央着眼加强生态文明建设、保障国家能源安全、实现可持续发展做出的一项重大部署，对我国能源电力转型发展具有重要的指导意义。国家电网公司在这方面有深入解读。

一是指明了能源电力行业服务“双碳”目标的核心任务。能源行业碳排放占全国总量的80%以上，电力行业碳排放在能源行业中的占比超过40%。实现“双碳”目标，能源是主战场，电力是主力军，电网是排头兵，大力发展风能、太阳能等新能源是关键。构建以新能源为主体的新型电力系统，是对能源清洁低碳转型大势的准确把握，是对新能源在未来能源体系中主体地位的科学定位，是对电力系统在服务碳达峰、碳中和中发挥关键作用的更高要求，极大地增强了能源电力行业加快转型升级的信心和决心。

二是指明了能源电力创新突破的努力方向。构建以新能源为主体的新型电力系统，是对能源电力创新趋势的深刻洞察，代表了电力生产力大解放大发展的方向。近年来，电力电子技术、数字技术和储能技术在能源电力系统日益广泛应用，低碳能源技术、先进输电技术和先进信息通信技术、网络技术、控制技术深度融合，推动传统电力系统正在向高度数字化、清洁化、智慧化的方向演进。构建新型电力系统，有利于凝聚行业共识，促进协同创新，破解能源转型技术难题，抢占行业发展制高点，提高我国电力产业链现代化、自主化水平。

三是指明了能源电力行业高质量发展的必由之路。随着经济发展、社会进步和能源转型，电力的应用领域不断拓展，电力服务需求和消费理念日益多元化、个性化、低碳化，电力行业的新产业、新业态、新模式不断涌现。构建以新能源为主体的新型电力系统，将为供需精准对接、满足能源需求、挖掘潜在价值、降低社会能耗、促进产业升级提供强有力的平台支撑，以高质量的电力供给为美好生活充电，为“美丽中国”赋能，为服务构建新发展格局做出积极贡献。

2. 总体目标

下面以南方电网公司在这方面的总体目标为例，介绍相应情况。为了贯彻落实党中央和国务院重大决策部署，南方电网公司结合实际，提出要加快数字化转型，全面建设安全、可靠、绿色、高效、智能的现代化电网，构建以新能源为主体的新型电力系统；在实现“双碳”目标过程中确保电网安全和电力可靠供应，促进公司高质量发展。

2025年前，大力支持新能源接入，具备支撑新能源新增装机1亿kW以上的接入消纳能力，初步建立以新能源为主体的源网荷储体系和市场机制，具备新型电力系统基本特征。

2030年前，具备支撑新能源再新增装机1亿kW以上的接入消纳能力，推动新能源装机处于主导地位，源网荷储体系和市场机制趋于完善，基本建成新型电力系统，有力支持南方五省区及港澳地区全面实现碳达峰。

2060年前，新型电力系统全面建成并不断发展，全面支撑南方五省区及港澳地区碳中和目标实现。

3. 重点举措

下面根据南方电网公司发布的《南方电网公司建设新型电力系统行动方案（2021—2030年）白皮书》，对相关重点举措进行介绍。

（1）大力支持新能源接入

1）全力推动新能源发展。南方电网公司制定了“十四五”电力发展规划，支持新能源大规模接入。到2025年，具备支撑新能源新增装机1亿kW以上的接入消纳能力，非化石能源占比达到60%以上；到2030年，具备支撑新能源再新增装机1亿kW以上的接入消纳能力，推动新能源成为南方区域第一大电源，非化石能源占比达到65%以上。

2）加快新能源接入电网建设。重点推进广东、广西海上风电，云南大滇中地区新能源，贵州黔西、黔西北地区新能源等配套工程建设；建设“强简有序、灵活可靠、先进适用”的配电网，支持分布式新能源接入。到2025年，实现2400万kW以上陆上风电、2000万kW以上海上风电、5600万kW以上光伏发电接入。

3）完善新能源接入流程。制定新能源入网、并网、调试、验收、运行、计量、结算等管理制度，强化新能源接入的全流程制度化管理，做到“应并尽并”；完善新能源风机防凝冻能力、宽频测量等技术标准，全面满足新能源广泛接入需求。

4）加强新能源并网技术监督。研究制定新能源技术监督流程、制度，充实配置网省两级专业技术力量，组织开展新能源型式试验、现场测试等涉网相关专项技术监督工作，大力提升新能源涉网安全性能，满足大规模新能源安全并网需求。

（2）统筹做好电力供应

1）推动多能互补电源体系建设。以保障电力供应安全为前提，积极推动澜沧江、金沙江流域中上游水电开发建设，积极稳妥发展核电，适量布局调峰气电，严控新增煤电装机规模，合理布局应急备用及调峰煤电，因地制宜、统筹推进“风光水火储”一体化能源基地建设。“十四五”期间，新增常规水电1820万kW、核电490万kW、调峰气电2740万kW；“十五五”期间，推动新增常规电源2700万kW；支撑“十四五”和“十五五”全社会最大负荷年均增长率不低于6.5%、3.5%的目标。

2）积极引入区外电力。充分利用能源资源，推动西藏清洁能源基地送电粤港澳大湾区、北方清洁能源基地送电南方区域项目实施，到2030年，争取新增受入电力2000万kW；推进中老、中缅等联网工程建设，进一步提升跨区域的资源调配能力。

3）加快提升系统调节能力。一是大力发展抽水蓄能，加快推进广东惠州、肇庆及广西南宁等抽水蓄能前期工程，“十四五”和“十五五”期间分别投产500万kW和1500万kW抽水蓄能，2030年抽水蓄能装机达到2800万kW左右；二是研究制定新型储能配置系列标准，编制南方区域新型储能规划，推动按照新增新能源的20%配置新型储能，明确各地区规模及项目布局，“十四五”和“十五五”期间分别投产2000万kW新型储能；三是推动火电灵活性改造及具备调节能力的水电扩容，具备改造条件煤电机组最小技术出力达到20%~40%，龙滩等具备调节能力的水电站实施扩机，充分发挥常规电源的调节潜力。通过加快提升调节能力建设，合理优化电源结构，有力保障新能源消纳利用率在95%以上。

（3）确保电网安全稳定

1）建设坚强可靠主网架。建设“合理分区、柔性互联、安全可控、开放互济”的主网架。研究适应高比例新能源接入的同步电网规模，适时通过柔性直流互联技术构建2~4个分区电网，进一步增强新能源大规模接入后系统安全稳定水平，提升分区间电力交换能力。

2）建设新型电力系统智能调度体系。一是提升新能源的调度运行管理能力，制定南方电网公司的新能源调度运行管理提升方案，建设南方区域气象信息应用决策支持系统、新能源运行数据管理分析平台和综合信息平台；二是提升新型电力系统的安全调控能力，完成“云边融合”智能调度运行平台示范应用，建设网、省、地新一代新能源功率预测系统、系统调节能力监控系统、大电网频率稳定在线智能分析系统等。

3）加强新型电力系统物联网管控平台网络安全防护。一是开展电动汽车充电平台、智能家居后台等公共物联网管控平台远程控制风险评估，从技术、管理方面提出风险防控措施；二是加强向政府沟通汇报，针对新型电力系统下物联网管控平台控制海量负荷的安全风险，推动制定、落实网络安全等政策法规，有效防范海量负荷汇聚平台被恶意控制风险。

（4）推动能源消费转型

1）全力服务需求侧绿色低碳转型。严格落实国家能源消费总量和强度双控要求，配合国家坚决遏制高耗能、高排放项目盲目发展；开展多能耦合、灵活用能的综合能源服务解决方案研究与应用，为用户提供灵活的用能解决方案，打造多能互补综合能源服务示范项目，着力提升能源使用效率。

2）深化开展电能替代业务。研究在交通、工业、建筑、农业农村等领域推进“新电气化”的政策、机制和实施路径。在粤港澳大湾区、海南自贸港等重点区域，推广港口岸电、空港陆电、油机改电技术；在交通领域，推进以电代油，在工业、建筑等领域持续提高电加热设备的应用比例。到2030年，推动南方五省区电能占终端能源消费比重提升至38%以上。

3）推进需求侧响应能力建设。深入挖掘弹性负荷、虚拟电厂等灵活调节资源，推动政府建立健全电力需求响应机制，激励各类电力市场主体挖掘调峰、填谷资源，引导非生产性空调负荷、工业负荷、充电设施、用户侧储能等柔性负荷主动参与需求响应。到2030年，实现全网削减5%以上的尖峰负荷。

（5）完善市场机制建设

1）建立、健全南方区域统一电力市场。按计划完成南方区域统一电力市场建设，为新能源的充分利用提供市场支撑；推动制定适应高比例新能源市场主体参与的中长期、现货电能量市场交易机制，推动开展绿色电能交易，建立电能量市场与碳市场的衔接机制。

2）深化南方区域电力辅助服务市场建设。完善调频、调峰、备用等市场品种，制定适应抽水蓄能、新型储能、虚拟电厂等新兴市场主体参与的交易机制，有效疏导系统调节资源成本；设计灵活多样的市场化需求响应交易模式，推动南方五省区完成需求响应市场建设，促进用户侧参与系统调节。

3）推动建立源网荷储利益合理分配机制。研究优化电力市场价格机制、储能价格机制、输配电价机制，充分利用未来新能源发电成本下降空间，研究电源、电网、储能之间的利益分配机制，合理疏导调节资源和输配电网成本；推动建立健全峰谷电价、尖峰电价、可中断负荷电价等需求侧管理电价机制，激励用户侧参与系统调节；积极推动相关政策落地，做好政策实施的执行保障。

（6）加强科技支撑能力

1）深入开展新型电力系统基础理论研究。设立重大科技专项，深入研究新型电力系统构建理论、源网荷储协调规划理论、经济运行理论及政策，研究数字电网推动构建新型电力系统的体系架构、运行机理与控制理论等；深入开展系统运行控制理论研究，重点研究新型电力系统建模仿真、稳定机理、运行控制及优化调度理论。

2）加快关键技术及装备研发应用与示范。深入研究大规模新能源并网消纳技术，重点开展全时间尺度电力电量平衡方法研究，完成网、省及重点城市虚拟电厂平台部署及应用；深入研究新型电力系统运行控制技术，重点开展新能源精细化建模与测试、频率电压控制、大电网谐波谐振机理及防治等技术；引导、推进新型电力系统先进电气装备研究，重点开展柔性直流海上换流平台、直流配用电装备、先进储能技术的研究。

4. 总结

“双碳”目标是全人类应对气候变化的所提出的共同目标，也是国家战略。构建以新能源为主体的新型电力系统，是实现碳达峰与碳中和最主要的举措之一。它一方面能够加快电力行业向清洁低碳转型的步伐；另一方面能够充分发挥其他行业电气化进程中的减排效益，助力工业、交通部门和全社会的深度脱碳。

1.3 “双碳”目标下智能电网面临的挑战

1.3.1 加快电源结构绿色化进程

加快电源结构绿色化进程，可再生能源发电量增量在全社会用电量增量中的占比超过50%，成为发电量增量主体；2022年可再生能源新增装机容量达到1.52亿kW，占全国新增发电装机容量的76.2%，已成为我国电力新增装机的主体；计划到2050年可再生能源发电量占比超过50%，成为发电结构主体。下面从资源条件分析电源结构调整的可能性。

1. 加快光伏发电

根据国际可再生能源机构（international renewable energy agency，IRENA）的数据，过去十年全球光伏装机容量从40GW增加到了580GW；同一时期，光伏成为成本下降速度很快的新能源发电项目之一。根据美国拉扎德（Lazard）公司的数据，2009年全球光伏平均度电成本为359美元/(MW·h)，2019年全球光伏平均度由成本仅为40美元/(MW·h)，下降幅度将近89%。

2022年5月，国家发展改革委、国家能源局发布了《关于促进新时代新能源高质量发展的实施方案》，提出“到2030年风电、太阳能发电总装机容量达到12亿kW以上的目标，加快构建清洁低碳、安全高效的能源体系”。在持续的政策调整下，我国光伏产业链降本成效显著，设备价格逐年降低。截至2020年底，我国光伏装机容量达到2.5亿kW，占全国总发电装机容量的11.5%。我国光伏产业在全球范围内极具竞争力，在装机容量方面，光伏新增装机容量已经连续7年位居全球第一，累计装机容量连续5年位居全球第一；在技术水平与产业链方面，光伏组件产量一直占据全球约80%的份额，掌握着全球供给端的话语权。

在国内市场方面，2020年全国至少有10个省（区）申报平价项目，总体规模达到37.31GW，同比增长124%。其中，广东省达到10.89GW（见表1-1）。相较2019年，湖南、青海等8个省份在2020年实现光伏平价项目“零的突破”；此外，除重庆外，全国各地区光伏平价项目平准化度电成本已低于当地火电基准价。

表1-1 2020年平价上网项目申报省（区）（部分） （单位：GW）

省（区）	河北	湖北	青海	陕西	广东	广西	辽宁	湖南	河南	吉林	合计
规模	2.75	7.64	1.20	1.60	10.89	8.79	1.95	1.32	0.76	0.41	37.31

2. 加快风电发展

风电成本持续下降，逐步走向平价时代。根据美国拉扎德公司的数据，全球风电综合度电成本从2009年的135美元/(MW·h)下降到2020年的40美元/(MW·h)，降幅超70%。其中，陆上风电价格为26~54美元/(MW·h)，海上风电价格为86美元/(MW·h)。火电价格为65~159美元/(MW·h)。风电当前与光伏发电共同成为各类电源中较具成本竞争力的能源。

2019年，国家发展改革委发布风电平价上网政策，提出自2021年1月1日开始，新核准的陆上风电项目全面实施平价上网，国家不再补贴。

在陆上风电走向平价之时，海上风电正快速起步。国内方面，优质的海风资源和沿海地区的经济基础为我国海上风电的发展创造了良好环境。2018年三峡兴化湾试验风场项目建设完工，作为全球首个国际化大功率海上风电试验场，可容纳14台机组同时运行，被业内视为我国海上风电产业迈向成熟的重要标杆。2019年，我国海上风电新增装机容量为1.98GW，累计装机容量为5.93GW，提前完成了“十三五”装机目标。2020年，我国海上风电新增装机容量超过3GW，连续3年居全球首位，新增装机容量占全球海上风电新增装机容量的50%；累计装机容量达到10GW，仅次于英国，位居全球第二。

3. 稳步推进水电发展

截至2020年底，我国水电装机规模稳步扩大，全国新增水电并网容量1323万kW；水电发电量持续增长，全年发电量达13552亿kW·h；始终保持高利用率水平，水电设备利用小时首次突破3800h，同比提高130h。以我国水电发电量排名第一的水电大省四川为例，2020年四川省全年水能利用率为95.4%，水电消纳工作成果显著。由此，四川省水电增发折合减少标煤燃烧1267万t，减排二氧化碳3168万t、二氧化硫80万t，减排成效明显。

水电在能源转型中的基石作用明显，不仅生产大量绿色低碳电量，而且发挥着越来越重要的灵活调节和储能作用，能有效抵消风电、太阳能发电间歇性、波动性的不良影响。“十四五”以来，我国水电事业在行业各方的共同努力下大步前行，乌东德、白鹤滩、两河口等一批重大水电工程相继投产发电。截至2022年8月，我国水电装机容量达到4亿kW，连续17年位居世界第一，其中抽水蓄能超过4000万kW。在新时代“双碳”背景下，要加快推动抽水蓄能发展，更好发挥其“调节器”“稳定器”的作用。

抽水蓄能电站除了具备常规水电站的各种容量效益以外，更有“填谷”功能的优势。其调峰范围可以达到本身装机容量的2倍以上，为风电、光伏等新能源的发展提供更好的条件。抽水蓄能电站选址灵活，不受大江大河制约，生态环境保护和移民安置相对简单，工程建设和机组制造越来越成熟。2021年，我国抽水蓄能装机容量较2020年增长490万kW，同比增长15.6%；抽水蓄能在电力总装机的占比为1.5%，较2020年的装机占比增长了0.1%；核准11座抽水蓄能电站，总规模达1370万kW，取得突破性进展。目前，我国已纳入规划的抽水蓄能站点资源总量约8.14亿kW，未来发展潜力巨大。

4. 安全发展核电

截至2020年底，我国大陆地区在运49台核电机组，总装机容量为5102万kW，占全国电力总装机容量的2.27%，核电装机容量达到全球第三。2020年核能发电量为3662.43亿MW·h，占全国总发电量的4.94%，核能发电量首次超过法国，位居世界第二。在建核电机组16台，总装机容量为1737.5万kW，持续多年全球领先。

"双碳"背景下，我国能源结构清洁化、低碳化转型的力度将进一步加大。当前，可再生能源开发成本快速走低，规模发展迅速，但是在生产、上网、输送、储能等环节仍存在诸多技术瓶颈。例如，由静稳天气和昼夜变换等原因造成的可再生能源发电存在间歇性和发电效率低等问题仍无法解决，迫切需要稳定的基荷电源支撑大比例可再生能源接入电网。同时，稳定的基荷电源也是电网安全稳定运行的重要支撑。核电运行稳定、可靠、换料周期长，与电网互动友好，技术上具备调峰能力，适于承担电网基本负荷及必要的负荷跟踪，可大规模替代化石能源作为基荷电源，将在清洁低碳的能源体系中占有不可忽视的地位。在"双碳"目标背景下，核能作为近零排放的清洁能源，将保持较快的发展态势，具有更加广阔的发展空间。我国核电在运装机容量预计2025年达到约7000万kW，2030年达到1.2亿kW，届时核能发电量约占全国发电量的8%。核能是安全、稳定、高效、可调度的清洁能源，是目前唯一可大规模替代化石能源的基荷并具备一定负荷跟踪能力的电源。

1.3.2 探索大规模新型储能方式

1. 储能的作用

储能的应用使传统的"刚性"电力系统变成了"柔性"的系统，特别是面对可再生能源规模化接入与消纳、智能电网和能源互联网发展的内在需求时，储能被给予了基石般的重要角色，在很大程度上提高了电力系统运行的安全性、灵活性和可靠性。储能在电力系统中的作用主要有以下几方面。

（1）参与系统调频，改善电网特性

储能系统通过充放电控制，可以在一定程度上削减电力系统的有功功率不平衡或区域控制偏差，从而参与一次调频和二次调频。相比传统电源在电力系统调频中的不足，储能系统具有以下技术优势：

1）响应速度快。储能系统，可在百毫秒范围内满功率输出，响应能力完全满足调频时间尺度内的功率变换需求。

2）控制精度高。储能系统，可以快速精确地跟踪调度指令，相应减少调频响应功率储备裕度。

3）运行效率高。储能系统，尤其是各类电池储能系统，充放电效率高，使得调频过程中的损耗低。

4）可双向调节。储能系统，可以不受频次限制实现上调和下调的交替，调节能力强。因此，采用储能系统进行调频，调频曲线能够很好地跟踪指令曲线，避免调节反向、偏差和延迟等问题。

（2）参与系统峰谷调节

由于负荷的不可控性和随机性，电力系统应具有随时满足负荷需求的能力。但是，由于用户对电力的需求在白天和黑夜、不同季节之间有较大的峰谷差，使得电力系统必须为满足峰值负荷而预留很大的备用容量，导致电力设备运行效率低。有效调节电力系统的峰谷差、提高负荷率，是提高电力系统资产利用率的重要手段。各种形式的储能设备，可以在电网负荷低谷的时候，作为负荷从电网获取电能充电；在电网负荷峰值时候，改为发电运行方式，向电网输送电能。这种方式有助于减少系统输电网络的损耗，对负荷实施削峰填谷，提高供电可靠性；将低谷电能转化为高峰电能，可以减少对发电设备的投资，实现效益最大化。

（3）提升可再生能源消纳能力

由于风电和光伏等可再生能源发电具有波动性和难以预测性，直接并入电网会对系统造成一定的冲击，增加系统不稳定的因素。高效储能装置及其配套设备，可以与风、光发电机组容量相匹配，支持充放电状态的迅速切换，确保并网系统的安全稳定。风力发电、太阳能发电等可再生能源发电设备的输出功率会随环境因素变化，储能装置可以及时地进行能量的存储和释放，保证供电的持续性和可靠性，提升可再生能源的消纳能力。储能技术，可在平抑、稳定风力发电或太阳能发电的输出功率和提升新能源的利用价值方面发挥重要作用，已成为可再生能源充分利用的关键。

（4）保障系统故障时的不间断供电

当系统出现故障时，储能装置将为医院、消防、通信等众多重要负荷提供不间断电源，为电网恢复争取时间，避免损失扩大。储能系统可以与风力、太阳能或天然气发电进行组合，形成微电网或小型供电系统，在电网故障时提高生存能力并减少负荷停电时间。接入电压等级更高的大型储能电站，具有辅助电网黑启动的潜力，可在电网恢复期间作为独立电源为发电厂、变电站提供辅助供电，逐步启动发电机组直至其正常运行。

（5）缓解系统增容卡脖子难题

城市一些运营时间较久的功能区，如商业区、金融街、写字楼等，面临着电力负荷快速增长、原有配电线路负荷过重的问题。由于这些地区负荷密度大、地下管廊空间有限，所以系统增容改造的可能性很小或不可能。通过配置储能系统，可以精确解决上述地区系统增容导致的“卡脖子”问题，减缓或避免原有输配电系统的升级改造压力，大幅提高电力设备利用率。储能系统可以结合负荷需要和输配电系统特点，进行分散安装、紧凑布置，减少配电系统基础建设所需的土地和空间资源。这将有效改变现有电力系统的粗放型建设模式，促进其向内涵增效转型。

2. 常用储能方式及优劣对比

本书所说的储能主要指电力储能，在技术上一般分为电化学储能、机械储能和电磁储能。电化学储能将电能转换为化学能进行存储，目前应用较多的有铅酸蓄电池、锂离子电池、氧化还原液流电池和钠硫电池等。机械储能是将电能转换为机械能进行存储，在需要时再重新转换为电能，主要包括抽水蓄能、压缩空气蓄能和飞轮蓄能。电磁储能是将电能转换为电磁能进行存储，主要包括超导储能和超级电容器储能。传统电力系统储能主要配置在电网侧，在新型电力系统中，为了适应不同地区、不同电源及电力负荷特点，储能会以多种方式配置在网、源、荷侧，使传统的单向电能配置模式改变成双向、多向、多能配置模式。

电化学储能主要是指，利用化学元素作储能介质，通过这些元素之间的化学反应实现充放电过程的一类储能技术。

抽水蓄能是指，利用电力负荷低谷时系统中的多余电能将下池（又称下水库）的水抽到上池（又称上水库）内，以势能的形式蓄能。在系统负荷高峰时段，通过水轮发电机将水的势能转化为需要的电能，满足系统的调峰需求。

压缩空气蓄能是指，在电网负荷低谷期用电能压缩空气，将空气高压密封在报废矿井、沉降的海底储气罐、山洞、过期油气井或新建储气井中，在电网负荷高峰期释放压缩空气推动膨胀机带动发电机发电等的储能方式。

飞轮蓄能是指，利用电动机带动飞轮高速旋转，将电能转化成动能存储起来，在需要的时候再用飞轮带动发电机发电的储能方式。

超导磁储能的概念源于充放电时间很短的脉冲能量存储，是指利用超导线圈通过变流器将电网能量以电磁能的形式直接存储起来，需要时再通过变流器将电磁能返回电网或其他负荷的一种储能方式。

超级电容器的储能原理与电容器相同，本质上是以电磁场来存储能量的，不存在能量形态的转换过程。

各种电能存储技术特点及应用场合见表 1-2。

表 1-2　电能存储技术特点及应用场合

储能类型		额定功率等级	持续充放电时间	优点	缺点	应用场合
电化学储能	铅酸蓄电池	1kW~50MW	1~4h	成本低廉、安全稳定性较好	回收处理、循环次数较少	备用电源、UPS、电能质量、调频等
	钠硫电池	1kW~100MW	4~8h	结构紧凑、容量大、效率高	运维费用高	平滑负荷、稳定功率等中小容量应用
	全钒液流电池	10kW~10MW	4~8h	充放电次数多、容量大、效率高	能量密度较低	调峰调频、可靠性、能量调节等
	锂离子电池	1kW~100MW	1~4h	能量密度高、高效率、寿命长	成本较高	备用电源、UPS 等中小容量应用场合
机械储能	抽水蓄能	100MW~2GW	8~10h	容量大、寿命长、运行费用低	选址受限、建设周期长	削峰填谷、调频调相、事故备用、黑启动
	压缩空气蓄能	10~300MW	4~20h	容量功率范围灵活、寿命长	选址受限、化石燃料	削峰填谷、系统备用、分布式电网微网
	飞轮蓄能	5kW~10MW	1s~30min	效率高、响应速度快、寿命较长	自放电率高、用于短期储能	调峰调频、桥接电力、电能质量保证、UPS
电磁储能	超导磁储能	10kW~50MW	1ms~15min	效率高、响应速度快、功率密度大	成本高、自放电率较高	动态稳定、功率补偿、电压支撑、调频
	超级电容器储能	1kW~1MW	1s~1min	寿命长、效率高、充放电速度快	能量密度较低、成本高	大功率负载平衡、电能质量、脉冲功率

3. 储能技术创新行动计划

2016 年 3 月，“发展储能与分布式能源”被列入国家“十三五”规划百大工程项目，储能首次进入国家发展规划。同年，国家发展改革委、国家能源局联合发布了《能源技术革命创新行动计划（2016—2030 年）》（其中包括《能源技术革命重点创新行动路线图》）。2017 年 9 月，国家发展改革委、财政部、科学技术部、工业和信息化部和国家能源局联合发布了《关于促进储能技术与产业发展的指导意见》，这是针对我国储能行业的首个指导性政策。2019 年 6 月，国家发展改革委、科学技术部、工业和信息化部和国家能源局联合发布了《贯彻落实<关于促进储能技术与产业发展的指导意见> 2019—2020 年行动计划》，进一步提出加强先进储能技术研发与智能制造升级，完善落实促进储能技术与产业发展的政策，推进储能项目示范和应用，加快推进储能标准化等。

《关于促进储能技术与产业发展的指导意见》明确了促进我国储能技术与产业发展的重要意义、总体要求、重点任务和保障措施。《关于促进储能技术与产业发展的指导意见》指出，储能是智能电网、可再生能源高占比能源系统、“互联网+”智慧能源（简称能源互联网）的重要组成部分和关键支撑技术。储能是提升传统电力系统灵活性、经济性和安全性的重要手段，是推动主体能源由化石能源向可再生能源更替的关键技术，是构建能源互联网、推动电力体制改革和促进能源新业态发展的核心基础。

《能源技术革命创新行动计划（2016—2030年）》确定了先进储能技术创新目标：

1）2020年目标。突破高温储热的材料筛选与装置设计技术、压缩空气蓄能的核心部件设计制造技术，突破化学储电的各种新材料制备、储能系统集成和能量管理等核心关键技术。示范推广10MW/100MW·h超临界压缩空气蓄能系统、1MW/1000MJ飞轮蓄能阵列机组、100MW级全钒液流电池储能系统、10MW级钠硫电池储能系统和100MW级锂离子电池储能系统等一批趋于成熟的储能技术。

2）2030年目标。全面掌握战略方向重点布局的先进储能技术，实现不同规模的示范验证，同时形成相对完整的储能技术标准体系，建立比较完善的储能技术产业链，实现绝大部分储能技术在其适用领域的全面推广，整体技术赶超国际先进水平。

3）2050年展望。积极探索新材料、新方法，实现具有优势的先进储能技术储备，并在高储能密度低保温成本热化学储热技术、新概念电化学储能技术（液体电池、镁基电池等）、基于超导磁和电化学的多功能全新混合储能技术等实现重大突破，力争完全掌握材料、装置与系统等各环节的核心技术。全面建成储能技术体系，整体达到国际领先水平，引领国际储能技术与产业发展。

在《能源技术革命重点创新行动路线图》中，先进储能技术创新路线图如图1-6所示。下面介绍其中几项重点发展的先进储能技术。

1）新型压缩空气蓄能技术。突破10MW/100MW·h和100MW/800MW·h的超临界压缩空气蓄能系统中宽负荷压缩机和多级高负荷透平膨胀机、紧凑式蓄热（冷）换热器等核心部件的流动、结构与强度设计技术；研究这些核心部件的模块化制造技术、标准化与系列化技术。突破大规模先进恒压压缩空气蓄能系统、太阳能热源压缩空气蓄能系统、利用LNG冷能压缩空气蓄能系统等新型系统的优化集成技术与动态能量管理技术；突破压缩空气蓄能系统集成及其与电力系统的耦合控制技术；建设工程示范，研究示范系统调试与性能综合测试评价技术；研发储能系统产业化技术并推广应用。

2）飞轮蓄能技术。发展10MW/1000MJ飞轮蓄能单机及阵列装备制造技术。突破大型飞轮电机轴系、重型磁悬浮轴承、大容量微损耗运行控制器及大功率高效电机制造技术；突破飞轮蓄能单机集成设计、阵列系统设计集成技术；研究飞轮单机总装、飞轮蓄能阵列安装调试技术；研究飞轮蓄能系统应用运行技术、检测技术、安全防护技术；研究飞轮蓄能核心部件专用生产设备、总装设备、调试设备技术和批量生产技术。研究大容量飞轮蓄能系统在不同电力系统中的耦合规律、控制策略；探索飞轮蓄能在电能质量调控、独立能源系统调节以及新能源发电功率调控等领域中的经济应用模式；建设大型飞轮蓄能系统在新能源的应用示范。

3）高温超导储能技术。探索高温超导储能系统的设计新型原理，突破2.5MW/5MJ以上高温超导储能磁体设计技术；研究高温超导储能系统的功率调节系统（PCS）的设计、控制

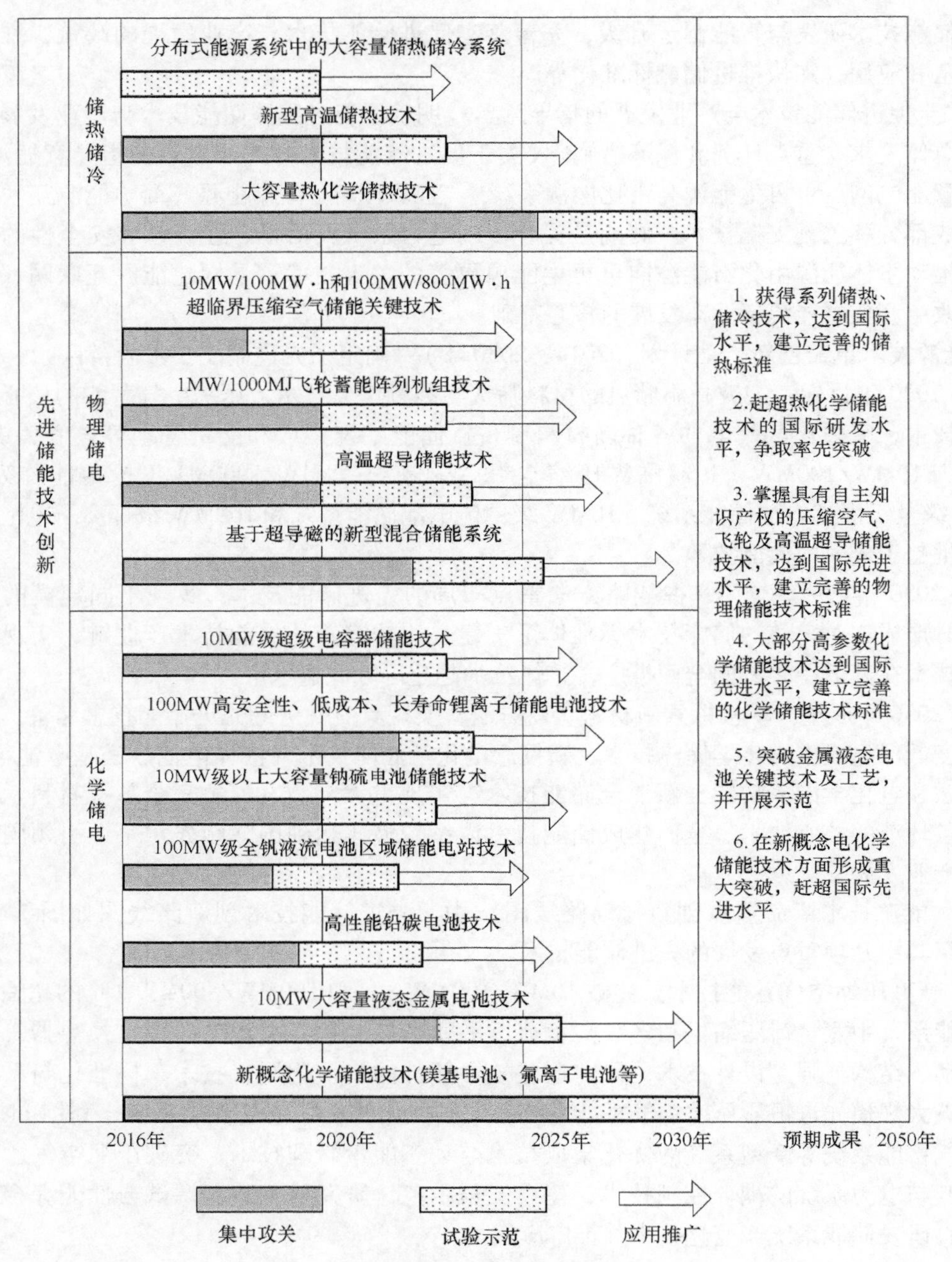

图 1-6　先进储能技术创新路线图

策略、调制及制造技术；研究高温超导储能低温高压绝缘结构、低温绝缘材料和制冷系统设计技术；研究高性能在线监控技术、实时快速测量和在线检测控制技术。布局基于超导磁和电化学及其他大规模物理储能的多功能全新混合储能技术，重点突破混合储能系统的控制技术及多时间尺度下的能量匹配技术。开发大型高温超导储能装置及挂网示范运行。

4）大容量超级电容器储能技术。开发新型电极材料、电解质材料及超级电容器新体系。开展高性能石墨烯及其复合材料的宏量制备，探索材料结构与性能的作用关系；开发基于钠离子的新型超级电容器体系。研究高能量混合型超级电容器正负电极制备工艺、正负极容量匹配技术；研发能量密度 30W·h/kg、功率密度 5000W/kg 的长循环寿命超级电容器单体技术。研究超级电容器模块化技术，突破大容量超级电容器串并联成组技术。研究 10MW 级超级电容器储能装置系统集成关键技术，突破大容量超级电容器应用于制动能量回收、电力系统稳定控制和电能质量改善等的设计与集成技术。

5）电池储能技术。突破高安全性、低成本、长寿命的固态锂电池技术，以及能量密度达到 300W·h/kg 的锂硫电池技术、低温化钠硫储能电池技术；研究能量密度大于 55W·h/kg、循环寿命大于 5000 次（80%DOD）的铅炭储能电池技术；研究总体能量效率大于等于 70%的锌镍单液流电池技术；研究储能电池的先进能量管理技术、电池封装技术、电池中稀有材料及非环保材料的替代技术。研究适用于 100kW 级高性能动力电池的储能技术，建设 100MW 级全钒液流电池、钠硫电池、锂离子电池的储能系统，完善电池储能系统动态监控技术。突破液态金属电池关键技术，开展 MW 级液态金属电池储能系统的示范应用。布局以钠离子电池、氟离子电池、氯离子电池、镁基电池等为代表的新概念电池技术，创新电池材料、突破电池集成与管理技术。

1.3.3 积极发展分布式智能电网

智能电网是智能控制的主动式电网，可以有效地将分布式发电融入电力系统。分布式发电的 3 个发展方向如下：

1）主动电网管理，允许更多的分布式发电系统接入配电网有效运行。

2）虚拟发电厂，聚合大量小型发电机和促进市场准入。

3）微电网，打造含微电源和可控负荷的小型电网单元。

1. 主动电网管理

配电网通过主动电网管理从被动运行转到主动运行，让更多的分布式发电接入了电网，当然同时也会增加配电网控制的复杂程度。主动电网管理包含很多方面，简单介绍如下：

1）动态调节线路输送容量。一种主动电网管理方法是监测架空路线的环境条件，并在可能的情况下增加它们的输送容量。在风速较高地区，往往在冬季由于低温环境和风速增加使得架空线电路的热容量增大，风电场可以满负荷输出。对这些环境条件进行监测并将相关数据用于计算架空线路的容量（尤其是导体弧垂），以便增加流过的电流量。

2）主动控制电网电压。在中压架空电网中，稳态电压升高经常成为遏制分布式发电接入的罪魁祸首。这是由有功功率作用于电路中的电阻造成的，而其低电抗意味着吸收无功功率无法有效控制电压上升。为能更好地控制电网电压，依据状态估计，并结合历史负荷数据进行实时测量，进而计算出电网内电压幅值，然后控制器利用这些电压和功率流测量值，使用简单的表决系统或是最优潮流计算就能确定最佳电压控制方案。

3）智能电表的应用。智能电表的引入可给所有用户负荷提供实时数据，能够大幅增加配电系统电压和潮流的可见性。依据智能电表的数据，输电网的状态估计器就可以估算一个鲁棒性更强和准确度更高的配电系统。

通过完善主动电网管理的相关控制技术，研究分布式发电及含分布式发电的配电系统的保护与控制措施，实现分布式电源的即插即用。

2. 虚拟发电厂

虚拟发电厂可定义为，由可控机组、不可控机组（风、光等分布式能源）、储能设备、负荷、电动汽车、通信设备等聚合而成的电源，并进一步考虑了需求响应、不确定性等要素，能通过与控制中心、云中心、电力交易中心等进行信息通信，可实现与大电网的能量交互。总而言之，虚拟电厂可以认为是分布式能源的聚合并参与电网运行的一种形式。虚拟发电厂的发展趋势如下：

1）能源架构方面。虚拟电厂可看作一种新型的能源聚合方式，是一系列分布式能源的聚合。虚拟电厂可将分散在中压配电网的各点的不同分布式能源进行聚合。为了确保虚拟电厂的安全稳定运行，国内外研究人员建立了考虑风光互补、储能系统、可控负荷、需求响应等的虚拟电厂模型。

2）运行控制方面。虚拟电厂可分为商业型虚拟电厂和技术型虚拟电厂。商业型虚拟电厂是从商业收益的角度考虑虚拟电厂，是分布式能源投资组合的一种灵活表述。其基本功能是基于用户需求、负荷预测和发电潜力预测，来制定最优发电计划，并参与市场竞标。技术型虚拟电厂则是从系统管理的角度考虑的虚拟电厂，考虑分布式能源聚合对本地网络的实时影响，并代表投资组合的成本和运行特性。

3）电力市场交易方面。虚拟电厂最具吸引力的功能在于能够聚合分布式能源参与电力市场和辅助服务市场运行，为配电网与输电网提供管理及辅助服务。虚拟电厂可有效聚合热电联产机组及其他种类的分布式能源，参与能量市场和旋转备用市场，从而提高决策的灵活性，获得更大的收益。同时，多个虚拟电厂可合作参与电力市场，通过联合竞标获得收益。

3. 微电网

微电网的具体结构会随着负荷等各方面需求的不同而不同，但是基本单元应包括分布式电源（光伏发电、风力发电、燃气轮机等）、负荷、储能、控制中心。微电网对外是一个整体，通过一个公共连接点与电网连接，其内部是一个小型发、配、用电系统。配电系统中大量微电网的存在将改变电力系统在中低压层面的结构与运行方式，实现分布式电源、微电网和配电系统的高度有效集成，充分发挥各自的技术优势，解决配电系统中大规模可再生能源的有效分散接入问题，这也正是智能配电系统面临的主要任务之一。微电网技术从局部解决了分布式电源大规模并网时的运行问题。同时，它在能源效率优化等方面与智能配电网的目标一致。从某种意义上看，微电网可以算是智能配电网的雏形。它能很好地兼容各种分布式电源，提供安全、可靠的电力供应，实现系统局部层面的能量优化，起到了承上启下的作用。微电网技术的成熟和完善，关系到分布式发电技术的规模化应用及智能配电网的发展。相对于微电网，智能配电网则是站在电网的角度来考虑未来系统中的各种问题。它具有完善的通信功能与更加丰富的商业需求，分布式发电和微电网的广泛应用构成了智能配电网发展的重要推动力。智能配电网本身的发展，也将更加有助于分布式发电与微电网技术的大规模应用。分布式发电、微电网、智能配电系统，都将是智能电网的重要组成部分。

第 2 章

小 波 变 换

2.1 小波变换

2.1.1 连续小波变换

1. 连续小波变换（continue wavelet transform，CWT）

将 $\int_{-\infty}^{+\infty}\psi(t)\mathrm{d}t=0$ 的母小波 $\psi(t)$ 经过伸缩和平移后得到一个小波序列：

$$\psi_{a,b}(t)=\frac{1}{\sqrt{|a|}}\psi\left(\frac{t-b}{a}\right)\qquad a,b\in\mathbf{R};a\neq 0 \tag{2-1}$$

式中，a 为伸缩因子；b 为平移因子。

对于任意能量有限信号 $f(t)\in L^2(\mathbf{R})$，其连续小波变换定义为

$$Wf(a,b)=\frac{1}{\sqrt{a}}\int_{-\infty}^{+\infty}f(t)\,\overline{\psi\left(\frac{t-b}{a}\right)}\,\mathrm{d}t=<f(t),\psi_{a,b}(t)> \tag{2-2}$$

式中，$Wf(a,b)$ 为连续小波变换系数。通常将 $f(t)$ 和 $\psi(t)$ 的连续小波变换关系表示为如下形式：

$$f(t)\overset{\text{CWT}}{\Leftrightarrow}Wf(a,b)$$

可以看出，连续小波变换和传统的傅里叶变换及窗口傅里叶变换的数学描述方法是类似的，都是取信号和核函数的内积。这些变换也都可以解释为信号和核函数相关程度的度量，而区别在于所选取的核函数不同。从数学形式上看，傅里叶变换将一维时间函数 $f(t)$ 映射为一维频率函数 $F(\omega)$，所以傅里叶变换是对时间信号的频率分析。窗口傅里叶变换将一维时间函数 $f(t)$ 映射为二维函数 $Gf(\omega,\tau)$，是对时间信号的时频联合分析。类似地，小波变换将一维时间函数 $f(t)$ 映射为二维函数 $Wf(a,b)$，也是对时间信号的时频联合分析。值得注意的是，傅里叶变换用到的核函数为正弦函数，具有唯一性；小波变换用到的核函数有很多种，具有不唯一性。

由于连续小波变换是按照积分形式定义的，所以又称为积分小波变换。由于 $\psi_{a,b}(t)$ 是局部化的，所以连续小波变换也是对信号在时间域内的局部化分析，它度量了信号在某个邻域的变化。

2. 连续小波变换的性质

设 $\psi(t)$ 是小波母函数，有

$$f(t),g(t),h(t)\in L^2(\mathbf{R})\qquad k_1、k_2\text{是任意常数}$$

$$f(t)\overset{\text{CWT}}{\Leftrightarrow}Wf(a,b),g(t)\overset{\text{CWT}}{\Leftrightarrow}Wg(a,b),h(t)\overset{\text{CWT}}{\Leftrightarrow}Wh(a,b)$$

（1）线性关系

设 $f(t)=k_1g(t)+k_2h(t)$，则有

$$Wf(a,b)=k_1Wg(a,b)+k_2Wh(a,b)$$

线性关系表明，小波变换是线性变换，小波变换对应的系统是线性系统。

（2）时移不变性

若 $f(t)\overset{\text{CWT}}{\Leftrightarrow}Wf(a,b)$，则有

$$f(t-t_0)\overset{\text{CWT}}{\Leftrightarrow}Wf(a,b-t_0)$$

时移不变性是一个很好的性质。在实际应用中，尽管离散小波变换要常用一些，但是在需要有时移不变性的情况下，离散小波变换是不能直接使用的。

时移不变性表明，小波变换是时不变变换，小波变换对应的系统是时不变系统。

（3）伸缩共变性

若 $f(t)\overset{\text{CWT}}{\Leftrightarrow}Wf(a,b)$，且 $\beta>0$，则有

$$f(\beta t)\overset{\text{CWT}}{\Leftrightarrow}\frac{1}{\sqrt{\beta}}Wf(\beta a,\beta b)$$

伸缩共变性表明，信号在时域的伸缩对应小波域的伸缩。

（4）微分性

若 $g(t)=\dfrac{\mathrm{d}f(t)}{\mathrm{d}t}$，则有

$$Wg(a,b)=\frac{\partial}{\partial b}Wf(a,b)$$

这表明信号在时域的微分对应小波域对 b 的微分。

（5）卷积性

若 $f(t)=g(t)\times h(t)$，则有

$$Wf(a,b)=g(b)\times Wh(a,b)=h(b)\times Wg(a,b)$$

这表明信号在时域的卷积对应小波域对 b 的卷积。

（6）内积定理

若 $f(t)\overset{\text{CWT}}{\Leftrightarrow}Wf(a,b),g(t)\overset{\text{CWT}}{\Leftrightarrow}Wg(a,b)$，则有

$$<f(t),g(t)>=\frac{1}{C_\psi}<Wf(a,b),Wg(a,b)>$$

式中的 C_ψ 由容许条件式定义。

内积定理也叫 Moyal 定理，该定理说明信号在时域的内积对应小波域的内积。

右边的内积是对 a，b 的双重积分，而且由于小波变换定义式中 a 以倒数形式出现，所以微分为 $\mathrm{d}a/a^2$。这样便可以写出内积定理更具体的形式为

$$\int_{-\infty}^{+\infty}f(t)g^*(t)\,\mathrm{d}t=\frac{1}{C_\psi}\int_0^{+\infty}\frac{\mathrm{d}a}{a^2}\int_{-\infty}^{+\infty}Wf(a,b)\,Wg^*(a,b)\,\mathrm{d}b \tag{2-3}$$

（7）帕斯瓦尔等式

在内积定理中，若令 $f(t)=g(t)$，则由式（2-3）可以得到能量不变性表达式：

$$\int_{-\infty}^{+\infty}|f(t)|^2\mathrm{d}t=\frac{1}{C_\psi}\int_0^{+\infty}\int_{-\infty}^{+\infty}|Wf(a,b)|^2\frac{\mathrm{d}a\mathrm{d}b}{a^2} \tag{2-4}$$

该等式左边是信号的能量，故其小波变换的模的二次方表示了信号能量在时间-尺度平面内的分布，帕斯瓦尔等式描述了函数的能量与函数的小波变换的关系。

2.1.2　离散小波变换

在连续小波变换中，由于 a 和 b 是连续变化的，时频窗在时频平面是连续移动的，因此连续小波变换存在信息冗余。在实际应用时，尤其是利用计算机来实现时，连续小波变换必须加以离散化。需要强调的是，这一离散化针对的是连续的尺度参数 a 和连续的平移参数 b，而不是针对时间变量 t 的。也就是说，离散小波变换（discrete wavelet transform，DWT）所分析的信号仍然是连续时间信号，只是尺度参数 a 和平移参数 b 离散化而已，这和离散傅里叶变换是不同的，不要因为名称的相似而产生概念上的混淆。

在连续小波中，考虑函数

$$\psi_{a,b}(t)=|a|^{-\frac{1}{2}}\psi\left(\frac{t-b}{a}\right) \tag{2-5}$$

式中，$b\in\mathbf{R}$，$a\in\mathbf{R}$。并且，$a\neq0$，ψ 是容许的。为方便起见，在离散化中，总限制 a 只取正值，这样相容性条件就变为

$$C_\psi=\int_0^\infty\frac{|\hat{\psi}(\omega)|}{|\omega|}\mathrm{d}\omega<\infty \tag{2-6}$$

通常，把连续小波变换中尺度参数 a 和平移参数 b 的离散化公式分别取作 $a=a_0^j$，$b=ka_0^j b_0$。其中，$j\in\mathbf{Z}$；扩展步长 $a_0\neq1$，是固定值，为方便起见总是假定 $a_0>1$。所以，对应的离散小波函数 $\psi_{j,k}(t)$ 可写为

$$\psi_{j,k}(t)=a_0^{-\frac{j}{2}}\psi\left(\frac{t-ka_0^j b_0}{a_0^j}\right)=a_0^{-\frac{j}{2}}\psi(a_0^{-j}t-kb_0) \tag{2-7}$$

而离散化小波变换系数则可以表示为

$$C_{j,k}=\int_{-\infty}^{+\infty}f(t)\,\overline{\psi_{j,k}(t)}\,\mathrm{d}t=\langle f(t),\psi_{j,k}(t)\rangle \tag{2-8}$$

其重构公式为

$$f(t)=C\sum_{j=-\infty}^{\infty}\sum_{k=-\infty}^{\infty}C_{j,k}\psi_{j,k}(t) \tag{2-9}$$

式中，C 为与信号无关的常数。

怎样选择 a_0 和 b_0 才能够保证重构信号的精度呢？显然，网格点应该尽可能密，即 a_0 和 b_0 尽可能小。这是因为，如果网格点越稀疏，使用的小波函数 $\psi_{j,k}(t)$ 和离散小波系数 $C_{j,k}$ 就会越少，信号重构的精确度也就会越低。

不难理解，在一定条件下，a 和 b 可以离散化而不丢失信息，其中最有意义的是 a 按照 2 的整数次幂变化。下面以二进小波变换为例进行离散化说明。

上面是对尺度参数 a 和平移参数 b 进行离散化的要求。为了使小波变换具有可变化的时间和频率分辨率，适应待分析信号的非平稳性，那么很自然地需要改变 a 和 b 的大小，以使小波变换具有“变焦”的功能。换言之，在实际中采用的是动态的采样网格，最常用的是二进制的动态采样网格：$a_0=2$，$b_0=1$。即，每个网格点对应的尺度为 2^j，而平移为 $2^j k$。由此得到的小波

$$\psi_{j,k}(t)=2^{-\frac{j}{2}}\psi(2^{-j}t-k)\qquad j,k\in Z \tag{2-10}$$

这称为二进小波（dyadic wavelet）。当然要注意，不要将记号 $\psi_{j,k}(t)$ 与连续小波变换的记号

$\psi_{a,b}(t)$ 混淆。

二进小波对信号的分析具有变焦的功能。其中，j 为伸缩参数或尺度参数，k 为沿时间轴的平移参数。

$j<0$ 表示将 $\psi(t)$ 沿时间轴压缩，尺度更精细，平移步长小；

$j>0$ 表示将 $\psi(t)$ 沿时间轴拉伸，尺度更粗糙，平移步长大。

假定一开始选择一个放大倍数 2^{-j}，对应观测到信号的某部分内容。如果想进一步观看信号更细节的内容，就需要增加放大倍数，即减小 j 值；反之，若想了解信号更粗略的内容，则可以减小放大倍数，即加大 j 值。在这个意义上，小波变换被称为"数学显微镜"。离散小波变换同样也是对信号的时频局部化分析。前面已经说了，由于小波在时域、频域都是局部化的，所以对那些只含有少量快速变化点的信号而言，对应小波变换的结果，就只有少量的小波变换系数较大，而其他系数都很小甚至为零。这正是小波变换能够用于非平稳暂态信号检测的根本原因。

二进小波不同于连续小波的离散小波，它只是对尺度参数进行了离散化，而对时间域上的平移参量保持连续变化，因此二进小波不破坏信号在时间域上的平移不变量。这也正是它同正交小波基相比具有的独特优点。

2.1.3 小波包分析

小波包分析能够为信号提供一种更加精细的分析方法。它将频带进行多层次划分，对小波分析没有细分的高频部分进一步分解，并能够根据被分析信号的特征，自适应地选择相应频带，使之与信号频谱相匹配，从而提高了时-频分辨率。因此，小波包具有更广泛的应用价值。

考察如下多分辨率分析中的空间分解：

$$L^2(\mathbf{R})=\bigoplus_{j\in\mathbf{Z}}W_j \tag{2-11}$$

式（2-11）表明，多分辨率分析是按照不同的尺度因子 j 把空间 $L^2(\mathbf{R})$ 分解为子空间 $W_j(j\in\mathbf{Z})$ 的直和。其中，W_j 为小波函数 $\{\psi_{j,k}\}_{k\in\mathbf{Z}}$ 的闭包（小波子空间）。现在希望进一步对小波子空间 W_j 按照二进制分数进行频率的细分，以达到提高频率分辨率的目的。

一种自然的做法是将尺度子空间 V_j 和小波子空间 W_j 用一个新的子空间 U_j^n 统一起来表征。

若令

$$U_j^0=V_j,U_j^1=W_j \qquad j\in\mathbf{Z} \tag{2-12}$$

则正交分解为

$$V_{j+1}=V_j\oplus W_j \tag{2-13}$$

即可用 U_j^{2n} 的分解统一为

$$U_{j+1}^0=U_j^0\oplus U_j^1 \qquad j\in\mathbf{Z} \tag{2-14}$$

定义子空间 U_j^n 为函数 $u_n(t)$ 的闭包空间，而 U_j^{2n} 是函数 $u_{2n}(x)$ 的闭包空间，并令 $u_n(x)$ 满足下面的双尺度方程：

$$\begin{cases}u_{2n}(x)=\sum\limits_{k\in\mathbf{Z}}h_k u_n(2x-k)\\ u_{2n+1}(x)=\sum\limits_{k\in\mathbf{Z}}g_k u_n(2x-k)\end{cases} \tag{2-15}$$

式中，$g_k=(-1)^k h_{1-k}$，即两系数也具有正交关系。特别地，当 $n=0$ 时，由式（2-15）直接得

$$\begin{cases} u_0(x) = \sum_{k \in \mathbf{Z}} h_k u_0(2x - k) & \{h_k\} \in l^2 \\ u_1(x) = \sum_{k \in \mathbf{Z}} g_k u_0(2x - k) & \{g_k\} \in l^2 \end{cases} \tag{2-16}$$

式（2-16）分别为尺度函数 $u_0(x)$ 与小波函数 $u_1(x)$ 的双尺度方程，利用式（2-15）和式（2-16）可得到如下空间分解：

$$U_{j+1}^n = U_j^{2n} \oplus U_j^{2n+1} \qquad j \in \mathbf{Z}, n \in \mathbf{N}_+ \tag{2-17}$$

1. 小波包的定义

由式（2-15）和式（2-16）构造的序列 $\{u_n(x)\}$，其中 $n \in \mathbf{N}_+$，称为由基函数 $\varphi(x) = u_0(x)$ 确定的小波包。由于 $\varphi(x)$ 由 h_k唯一确定，所以又称 $\{u_n(x)\}_{n \in \mathbf{Z}}$为关于序列 $\{h_k\}$ 的正交小波包。

2. 小波包的分解算法和重构算法

设 $g_j^n(t) \in U_j^n$，则 $g_j^n(t)$ 可以表示为

$$g_j^n(t) = \sum_l d_l^{j,n} u_n(2^j t - l) \tag{2-18}$$

（1）小波包的分解算法

由 $\{d_l^{j+1,n}\}$ 求 $\{d_l^{j,2n}\}$ 和 $\{d_l^{j,2n+1}\}$，即

$$\begin{cases} d_l^{j,2n} = \sum_k a_{k-2l} d_k^{j+1,n} \\ d_l^{j,2n+1} = \sum_k b_{k-2l} d_k^{j+1,n} \end{cases} \tag{2-19}$$

（2）小波包的重构算法

由 $\{d_l^{j,2n}\}$ 和 $\{d_l^{j,2n+1}\}$ 求 $\{d_l^{j+1,n}\}$，即

$$d_l^{j+1,n} = \sum_k h_{l-2k} d_k^{j,2n} + g_{l-2k} d_k^{j,2n+1} \tag{2-20}$$

2.1.4　小波变换的时频特性

短时傅里叶变换的窗口大小和形状保持不变，与信号的频率无关。在研究高频信号的局部性时，需要取一个窄的时间窗以便更精确地确定高频现象；在研究低频信号的局部性时，需要取一个宽的时间窗以便更精确地确定低频现象。也就是说，窗口的大小应随频率而变。因此，窗口大小不随频率改变是短时傅里叶变换的一个严重缺点。小波分析能够较好地克服短时傅里叶变换的不足，它提供了一个随频率改变的时间-频率窗口。

小波变换是一种窗口大小（即窗口面积）固定但其形状可以改变，是时间窗和频率窗都可改变的时频局部化分析方法。小波变换对不同的频率在时域上的采样步长是调节性的，即在低频部分具有较高的频率分辨率和较低的时间分辨率，在高频部分具有较高的时间分辨率和较低的频率分辨率。正是这种特性，使得小波变换具有对信号的自适应性。可以用时频窗来形象地表示小波变换的局部性，尺度越大，则时窗越宽、频窗越窄且频窗中心往低频方向移动；尺度越小，则时窗越窄、频窗越宽且频窗中心向高频方向移动。小波的这种“变焦”特性可以形象地比喻为“数学显微镜”。

假设 ψ 是任意基本小波，并且 ψ 及其傅里叶变换 $\hat{\psi}$ 都是窗函数，它们的中心与半径分别为 t^*、ω^*、Δ_ψ和 $\Delta_{\hat{\psi}}$，并假定实际选择的基本小波能使 ω^* 为正数，且假定小波函数 $\psi_{(a,b)}t$ 中的尺度 $a>0$。

由 ψ 是一个窗函数可知，$\psi_{(a,b)}t$ 也是一个窗函数，它对分析信号起着观察窗口的作用，

其中心和半径分别为 $b+at^*$ 和 $a\Delta_\psi$，由连续小波变换的定义可知：

$$WT_f(a,b)\approx\frac{1}{\sqrt{a}}\int_{b+at^*-a\Delta\psi}^{b+at^*+a\Delta\psi}f(t)\psi^*\left(\frac{t-b}{a}\right)\mathrm{d}t \tag{2-21}$$

式（2-21）表明，$WT_f(a,b)$ 给出了信号 $f(t)$ 在时间窗口 $[b+at^*-a\Delta_\psi]\times[b+at^*+a\Delta_\psi]$ 内的局部信息。该窗口的中心位于 $b+at^*$，宽度为 $2a\Delta_\psi$。也就是说，$WT_f(a,b)$ 由 $f(t)$ 在该窗口上的局部特性来描述，尺度因子 a 越小，$f(t)$ 的局部性质刻画越好，这在信号分析中称之为"时间局部化"。

另一方面，小波变换的频域表示为

$$WT_f(a,b)=\frac{1}{2\pi}\langle\hat{f},\hat{\psi}_{a,b}\rangle=\frac{\sqrt{a}}{2\pi}\int_{-\infty}^{+\infty}\hat{f}(\omega)\mathrm{e}^{ib\omega}\hat{\psi}^*(a\omega)\mathrm{d}\omega \tag{2-22}$$

由 $\hat{\psi}(\omega)$ 是一个窗口函数可知，$\mathrm{e}^{ib\omega}\hat{\psi}^*(a\omega)$ 也是一个窗口函数，其中心和半径分别为 ω^*/a 和 $\Delta_{\hat{\psi}}/a$。式（2-22）表明，小波变换具有表征待分析信号 $\hat{f}(\omega)$ 频域上局部性质的能力，它给出了信号 $f(t)$ 在频域窗口 $\left[\frac{\omega^*}{a}-\frac{\Delta_{\hat{\psi}}}{a},\frac{\omega^*}{a}+\frac{\Delta_{\hat{\psi}}}{a}\right]$ 内的局部信息。可以将这个窗口看成是具有中心频率 ω^*/a 且带宽为 $2\Delta_{\hat{\psi}}/a$ 的一个频带，在信号分析中称为"频率局部化"。此外还有下式成立：

$$\frac{\omega^*/a}{2\Delta_{\hat{\psi}}/a}=\frac{\omega^*}{2\Delta_{\hat{\psi}}} \tag{2-23}$$

这表明，中心频率 ω^*/a 与带宽 $2\Delta_{\hat{\psi}}/a$ 之比与 a 无关。

综合上面的分析可知，若用 ω^*/a 作为频率变量 ω，则 $WT_f(a,b)$ 给出了信号 $f(t)$ 在时间-频率平面（t-ω 平面）中一个矩形时间-频率窗：

$$[b+at^*-a\Delta_\psi,b+at^*+a\Delta_\psi]\times\left[\frac{\omega^*}{a}-\frac{\Delta_{\hat{\psi}}}{a},\frac{\omega^*}{a}+\frac{\Delta_{\hat{\psi}}}{a}\right]$$

其上的局部信息，即小波变换具有时频局部化特性。显然，时间-频率窗的宽度为 $2a\Delta_\psi$（用时间窗的宽度）；面积为 $4\Delta_\psi\Delta_{\hat{\psi}}$，是一个常数，与时间和频率无关。如图 2-1 所示，当检测高频信息时，即对于小的 $a>0$，时间窗会自动变窄，以便在高频域用较高的频率对信号进行细节分析；当检测低频信号时，即对于大的 $a>0$，时间窗会自动变宽，以便在低频域用低频对信号进行轮廓分析。因此，小波分析具有"数学显微镜"的美誉。

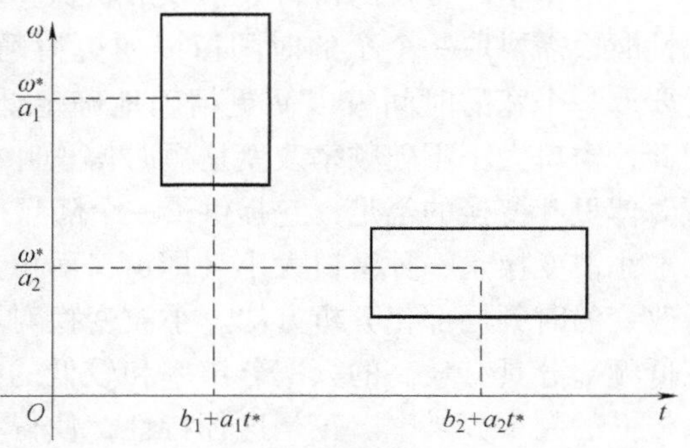

图 2-1 小波分析的时间-频率窗（$a_2>a_1>0$）

2.2 多分辨率分析及 Mallat 算法

2.2.1 多分辨率分析概念解析

一般来说，构造小波的方法有两种：一种是直接找小波母函数，这比较困难；另一种是利用空间分解理论，在子空间中寻找基底，进而构造出小波基。后者正是构造小波的理论框架。多分辨率分析方法，也是小波分析理论的核心内容。

S. Mallat 和 Y. Meyer 于 1989 年提出了多分辨率分析（multiresolution analysis，MRA），建立了构造小波的理论框架。

设函数 $\psi(t)\in L^2(\mathbf{R})$，称 $\{\psi_{j,k}(t)\}_{j,k\in\mathbf{Z}}$是 $L^2(\mathbf{R})$ 的一个里斯（Riesz）基，如果它是线性无关的，且存在常数 A 与 B，满足 $0<A\leqslant B<\infty$，使得对任意的$f(t)\in L^2(\mathbf{R})$，则总存在序列 $\{c_{j,k}\}_{j,k\in\mathbf{Z}}\in l^2(\mathbf{Z}^2)$ 满足

$$f(t)=\sum_{j=-\infty}^{\infty}\sum_{k=-\infty}^{\infty}c_{j,k}\psi_{j,k}(t) \tag{2-24}$$

且

$$A\|f\|_2^2\leqslant\sum_{j=-\infty}^{\infty}\sum_{k=-\infty}^{\infty}|c_{j,k}|^2\leqslant B\|f\|_2^2 \tag{2-25}$$

$L^2(\mathbf{R})$ 中的闭子空间序列 $\{V_j\}_{j\in\mathbf{Z}}$如果满足以下条件，则称 $\varphi(t)$ 为多分辨率分析的尺度函数或父函数，称 $\{V_j\}_{j\in\mathbf{Z}}$为一个多分辨分析，简称 $\{V_j\}_{j\in\mathbf{Z}}$为一个 MRA。

1）单调性

$$\cdots\subset V_1\subset V_0\subset V_{-1}\cdots$$

2）逼近性

$$\bigcap_{j\in\mathbf{Z}}V_j=\{0\},\lim_{j\to\infty}V_j=\overline{\bigcup_{j\in\mathbf{Z}}V_j}=L^2(\mathbf{R})$$

3）伸缩性

$$f(t)\in V_j\Leftrightarrow f(2t)\in V_{j-1},\forall j\in\mathbf{Z}$$

4）平移不变性

$$f(t)\in V_0\Leftrightarrow f(t-k)\in V_0,\forall k\in\mathbf{Z}$$

5）存在函数 $\varphi(t)\in V_0$，使得 $\{\varphi(t-k)\}_{k\in\mathbf{Z}}$构成 V_0的里斯基。

若 $\{\varphi(t-k)\}_{k\in\mathbf{Z}}$构成 V_0的标准正交基，则称 $\varphi(t)$ 为正交尺度函数。相应的，此时的 $\{V_j\}_{j\in\mathbf{Z}}$称为正交的多分辨分析。

从上面的定义，不难发现如下几点：

1）$\{\varphi_{j,k}:=2^{-\frac{j}{2}}\varphi(2^{-j}t-k)\}_{k\in\mathbf{Z}}$是 V_j的标准正交基。

2）$\forall f\in L^2(\mathbf{R})$，在 V_j的投影 f_{V_j}可以表示为

$$f_{V_j}=\sum_{k\in\mathbf{Z}}\langle f,\varphi_{j,k}\rangle\varphi_{j,k} \tag{2-26}$$

而由逼近性知，$\lim\limits_{j\to-\infty}\|f-f_{V_j}\|=0$，当 $2^{-j}\to+\infty$ 时，$f_{V_j}\to f$。

3）φ 对 MRA 的构造很关键。

由 $\{V_j\}$ 生成其正交补空间 $\{W_j\}$ 及它和 $L^2(\mathbf{R})$ 的关系：

$$V_{j+1}\oplus W_{j+1}=V_j\qquad\forall j\in\mathbf{Z} \tag{2-27}$$

式中，符号$\oplus$表示 $V_j=V_{j+1}\cup W_{j+1}$，且 $V_{j+1}\perp W_{j+1}$，$\forall j$，如此定义了小波空间 $\{W_j\}_{k\in\mathbf{Z}}$，它使得 $L^2(\mathbf{R})=\oplus_{j=-\infty}^{+\infty}W_j$。这给出了 $L^2(\mathbf{R})$ 的空间分解形式。

如果存在 $\psi(t)\in W_0$，使得 $\{\psi(t-k)\}_{k\in\mathbf{Z}}$构成 W_0的标准正交基，则 $\{\psi_{j,k}\}_{k\in\mathbf{Z}}$也构成 W_j的标准正交基，这是因为 W_j 也有伸缩性。如果找到了这样的 $\psi(t)$，则由空间分解性知，$\{\psi_{j,k}\}_{j,k}$构成 $L^2(\mathbf{R})$ 的标准正交基。多分辨率分析概念中，如何找小波函数 $\psi(t)$，可以通过

尺度函数 $\varphi(t)$ 来构造，它是支撑 MRA 框架的基础。

2.2.2 双尺度方程

在多分辨率分析中，尺度函数至关重要，而它与小波函数也有着内在的联系。下面的几个定理介绍了它们之间的双尺度关系，由此形成了一套构造小波函数的方法。

【定理 1】 设 $\{V_j\}_{j\in\mathbf{Z}}$ 是 $L^2(\mathbf{R})$ 的一个正交 MRA，$\varphi(t)$ 是它的尺度函数，则有 $\{h_k\}_{k\in\mathbf{Z}}\in L^2$，使

$$\frac{1}{\sqrt{2}}\varphi\left(\frac{t}{2}\right)=\sum_{k\in\mathbf{Z}}h_k\varphi(t-k) \tag{2-28}$$

式（2-28）描述了尺度函数不同尺度之间的关系，称为双尺度方程。该表达式是尺度函数关系的时间域表达，对应的频率域表达可以通过傅里叶变换得到，即

$$\hat{\varphi}(2\omega)=\frac{1}{\sqrt{2}}\sum_{k\in\mathbf{Z}}h_k\mathrm{e}^{-\mathrm{i}k\omega}\hat{\varphi}(\omega) \tag{2-29}$$

记

$$H(\omega)=\hat{h}(\omega)=\frac{1}{\sqrt{2}}\sum_{k\in\mathbf{Z}}h_k\mathrm{e}^{-\mathrm{i}k\omega} \tag{2-30}$$

则得

$$\hat{\varphi}(2\omega)=H(\omega)\hat{\varphi}(\omega)$$

$H(\omega)$ 常称为低通滤波器。可以证明任何一个尺度函数 $\varphi(t)$ 都可以由滤波器 $\{h_k\}_{k\in\mathbf{Z}}$ 来确定。

【定理 2】 设 $\varphi(t)$ 是正交 MRA 的尺度函数，$\{h_k\}_{k\in\mathbf{Z}}$ 是相应的滤波器，$H(\omega)$ 为其傅里叶变换形式，则有

1） $|H(\omega)|^2+|H(\omega+\pi)|^2=1\Leftrightarrow\sum_{n\in\mathbf{Z}}h_n\overline{h_{n+2k}}=\delta_{0,k}$。

2） 若 $\{h_k\}_{k\in\mathbf{Z}}$ 满足 $\sum_{k\in\mathbf{Z}}|h_k|<+\infty$，且 $\hat{\varphi}(\omega)$ 连续，而 $\hat{\varphi}(0)\neq0$，则 $H(0)=1$，即 $\sum_{k\in\mathbf{Z}}h_k=\sqrt{2}$。

由上面的定理知，$\sum_{k\in\mathbf{Z}}|h_k|<+\infty$，$\hat{\varphi}(\omega)$ 连续，有

$$\hat{\varphi}(\omega)=H\left(\frac{\omega}{2}\right)\hat{\varphi}\left(\frac{\omega}{2}\right)=H\left(\frac{\omega}{2}\right)H\left(\frac{\omega}{4}\right)\hat{\varphi}\left(\frac{\omega}{4}\right)=\cdots=\prod_{i=1}^{+\infty}H\left(\frac{\omega}{2^i}\right)\hat{\varphi}(0) \tag{2-31}$$

而 $\hat{\varphi}(0)\neq0$，不妨令 $\hat{\varphi}(0)=1$，则知 $\int\hat{\varphi}(0)\mathrm{d}x=1$。

【定理 3】 设 $\{V_j\}_{j\in\mathbf{Z}}$ 为一个正交 MRA，$\varphi(t)$ 是尺度函数，$\{W_k\}_{k\in\mathbf{Z}}$ 是 $\{V_j\}_{j\in\mathbf{Z}}$ 所确定的小波空间，若 $\psi(t)\in W_0$，则有 $\{g_k\}_{k\in\mathbf{Z}}\in L^2$，使得

$$\frac{1}{\sqrt{2}}\psi\left(\frac{t}{2}\right)=\sum_{k\in\mathbf{Z}}g_k\varphi(t-k) \tag{2-32}$$

这一定理描述了小波函数与尺度函数在时间域上的双尺度关系，对应的频率域形式为

$$\hat{\varphi}(2\omega)=G(\omega)\hat{\varphi}(\omega) \tag{2-33}$$

式中，$G(\omega)=\frac{1}{\sqrt{2}}\sum_{k\in\mathbf{Z}}g_k\mathrm{e}^{-\mathrm{i}k\omega}$；$\{g_k\}_k$ 为与 $\psi(t)$ 对应的高通滤波器。

如何从 $\varphi(t)$ 构造 $\psi(t)$，也就是研究对应滤波器 $H(\omega)$ 和 $G(\omega)$ 之间的关系。

【定理 4】 设 $\varphi(t)$ 为正交 MRA 的尺度函数，则有

1） $\psi(t)\in W_0\Leftrightarrow H(\omega)\overline{G(\omega)}+H(\omega+\pi)\overline{G(\omega+\pi)}=0$。

2）$\{\psi(t-k)\}_k$构成正交系$\Leftrightarrow |G(\omega)|^2+|G(\omega+\pi)|^2=1$。

3）1）和2）是$\{\psi(t-k)\}_k$构成W_0的标准正交基的充要条件。

结合定理2和定理4，低通和高通滤波器应该满足下面的条件：

若

$$U=\begin{pmatrix} H(\omega) & H(\omega+\pi) \\ G(\omega) & G(\omega+\pi) \end{pmatrix} \tag{2-34}$$

则有

$$U * U^* = I$$

2.2.3 小波变换的Mallat算法

由于$L^2(\mathbf{R})=\bigoplus_{j\in\mathbf{Z}}W_j$，所以对任意函数$f(t)\in L^2(\mathbf{R})$，有

$$f(t)=\sum_{j,k\in\mathbf{Z}} d_k^j\psi_{j,k}(t) \tag{2-35}$$

用$\psi_{j,k}$在该等式两边取内积，并注意$\{\psi_{j,k}(t)\}_{j,k\in\mathbf{Z}}$是$L^2(\mathbf{R})$的一个标准正交基，可得$d_j^k=\langle f,\psi_{j,k}\rangle$，从而有

$$f(t)=\sum_{j,k\in\mathbf{Z}}\langle f,\psi_{j,k}\rangle\,\psi_{j,k}(t) \tag{2-36}$$

对于$L^2(\mathbf{R})$中的任意子空间V_j，有

$$V_j=V_{j-1}\oplus W_{j-1} \tag{2-37}$$

因此，V_j中的任意函数f_j都存在如下的正交分解：

$$f_j=f_{j-1}+d_{j-1'}\langle f_{j-1'},d_{j-1}\rangle=0 \tag{2-38}$$

其中

$$\begin{cases} f_j(t)=\sum_k c_k^j\phi_{j,k}(t)\in V_j \\ f_{j-1}(t)=\sum_k c_k^{j-1}\phi_{j-1,k}(t)\in V_{j-1} \\ d_{j-1}(t)=\sum_k d_k^{j-1}\psi_{j-1,k}(t)\in W_{j-1} \end{cases} \tag{2-39}$$

容易算出，$c_k^j=\langle f_j,\phi_{j,k}\rangle$，$c_k^{j-1}=\langle f_{j-1},\phi_{j-1,k}\rangle$，$d_k^{j-1}=\langle f_{j-1},\psi_{j-1,k}\rangle$。记为$c^j=\{c_k^j\}_{k\in\mathbf{Z}}$，$c^{j-1}=\{c_k^{j-1}\}_{k\in\mathbf{Z}}$，$d^{j-1}=\{d_k^{j-1}\}_{k\in\mathbf{Z}}$，称$c^j$为分辨率$j$下的尺度系数，$d^{j-1}$为分辨率$j-1$下的小波系数，$c^{j-1}$和$d^{j-1}$称为$c^j$小波分解一次后的低频系数和细节系数。

由于$V_j\subset L^2(\mathbf{R})$，所以存在$U_j$使得$L^2(\mathbf{R})=V_j\oplus U_j$，因此对于任意的$f(t)\in L^2(\mathbf{R})$，存在$f_j\in V_j,u_j\in U_j$，使得$f(t)=f_j(t)+u_j(t)$，$\langle f_j,u_j\rangle=0$。称$f_j(t)$为$f(t)\in L^2(\mathbf{R})$在$V_j$中的正交投影，记为$f_j(t)=P_jf(t)$。如果$f(t)\in V_j$，则$f_j(t)=P_jf(t)=f(t)$。

若已知式（2-39）中的系数$\{c_j^k\}_{k\in\mathbf{Z}}$，如何快速计算小波分解后式（2-39）中的尺度系数$\{c_k^{j-1}\}_{k\in\mathbf{Z}}$和小波系数$\{d_k^{j-1}\}_{k\in\mathbf{Z}}$呢？

由下式：

$$f_j(t)=\sum_k c_k^j\phi_{j,k}(t)=\sum_k c_k^{j-1}\phi_{j-1,k}(t)+\sum_k d_k^{j-1}\psi_{j-1,k}(t) \tag{2-40}$$

以及ϕ、ψ及其二进平移和伸缩的正交性，可计算出下式：

$$c_k^{j-1}=\sum_n c_n^j\langle\phi_{j,n},\phi_{j-1,k}\rangle=\sum_n c_n^jh_{n-2k}^*=\sum_n c_n^j\overline{h}_{2k-n}^* \tag{2-41}$$

事实上，在式（2-40）两边与$\phi_{j-1,k}$做内积可得

$$\left\langle \sum_n c_n^j \phi_{j,n}(t), \phi_{j-1,k}(t) \right\rangle = \left\langle \sum_n c_n^{j-1} \phi_{j-1,n}(t), \phi_{j-1,k}(t) \right\rangle + \left\langle \sum_n d_n^{j-1} \psi_{j-1,n}(t), \phi_{j-1,k}(t) \right\rangle \tag{2-42}$$

所以有

$$c_k^{j-1} = \sum_n c_n^j \langle \phi_{j,n}, \phi_{j-1,k} \rangle \tag{2-43}$$

根据式（2-28）的双尺度方程，有

$$\begin{aligned} \phi_{j-1,k}(t) &= 2^{\frac{j-1}{2}} \phi(2^{j-1}t-k) = 2^{\frac{j}{2}} \sum_l h_l \phi[2(2^{j-1}t-k)-l] \\ &= \sum_l h_l 2^{\frac{j}{2}} \phi[2^j t-(2k+l)] = \sum_l h_l \phi_{j,2k+l} \end{aligned} \tag{2-44}$$

因此

$$\langle \phi_{j,n}, \phi_{j-1,k} \rangle = \left\langle \phi_{j,n}, \sum_l h_l \phi_{j,2k+1} \right\rangle = \sum_l h_l^* \langle \phi_{j,n}, \phi_{j,2k+l} \rangle = \sum_l h_l^* \delta_{n,2k+l} = h_{n-2k}^* \tag{2-45}$$

将式（2-45）代入式（2-43）可得到式（2-41）。

类似地，有

$$d_k^{j-1} = \sum_n c_n^j \langle \phi_{j,n}, \psi_{j-1,k} \rangle = \sum_n c_n^j g_{n-2k}^* = \sum_n c_n^j \overline{g}_{2k-n}^* \tag{2-46}$$

式中，$\{h_k\}_{k\in\mathbf{Z}}$为由正交尺度函数的两尺度方程对应的滤波器系数序列，可看成低通滤波器；$\{g_k\}_{k\in\mathbf{Z}}$由式 $g_k=(-1)^k h_{l-k}^*$确定，可看成高通滤波器。式（2-41）及式（2-46）分别给出了计算 c^j低频系数 c^{j-1}和细节系数 d^{j-1}的计算公式，称为小波分解算法。

同样，可以给出由 c^{j-1}、d^{j-1}重构 c^j的计算公式式（2-47），称为小波重构算法：

$$c_k^j = \sum_n c_n^{j-1} \langle \phi_{j-1,n}, \phi_{j,k} \rangle + \sum_n d_n^{j-1} \langle \psi_{j-1,n}, \phi_{j,k} \rangle = \sum_n c_n^{j-1} h_{k-2n} + \sum_n d_n^{j-1} g_{k-2n} \tag{2-47}$$

式（2-41）、式（2-46）和式（2-47）为一维情形下的离散小波变换的 Mallat 算法，其卷积表达形式为

$$\begin{cases} c^{j-1} = D(c^j * \overline{h}^*) \\ d^{j-1} = D(c^j * \overline{g}^*) \end{cases} \tag{2-48}$$

$$c^j = (Uc^{j-1}) * h + (Ud^{j-1}) * g$$

式中，$\overline{h}^*$为滤波器 h 的共轭的时序反转；$(c^j * \overline{h}^*)$ 为 c^j与 $\overline{h}^*$ 的卷积；$D(c^j * \overline{h}^*)$ 为卷积 $(c^j * \overline{h}^*)$ 的二元下采样。小波重构的情况与此类似。

小波变换的 Mallat 算法可以用两通道滤波器组表示，如图 2-2 所示。其中，$(\overline{h}^*, \overline{g}^*)$ 用作分析滤波器，(h,g) 用作综合滤波器。可以看出，正交小波变换的快速算法本质上由低通滤波器 h 完全确定，不涉及尺度函数与小波函数的具体表达式。

用低频信号递归应用小波分解算法，则可得到 c^j的低频信号 $c^{j_0}(j_0<j)$及其在不同分辨率下的细节信号 d^{j_0}、d^{j_0+1}、…、d^{j-1}。c^{j_0}、d^{j_0}、d^{j_0+1}、…、d^{j-1}称为 c^j的小波变换。递归应用小波重构算法可由一个信号的小波变换恢复原信号。

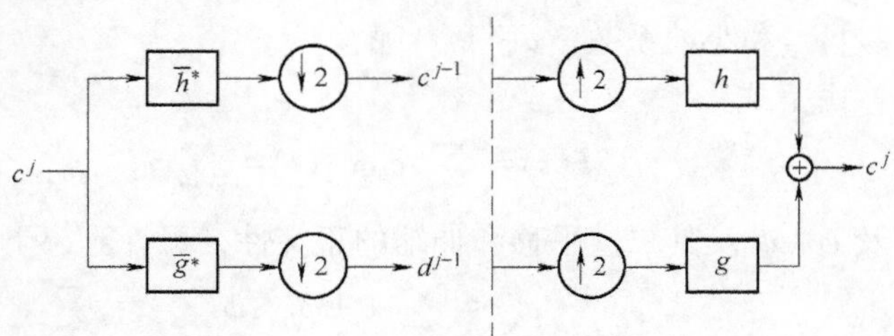

图 2-2　小波分解与重构二通道滤波器组

Mallat 算法不仅给出了小波变换的快速算法，而且揭示了小波多分辨率分析与滤波器组之间的内在联系，具有重要的理论意义和应用价值。

2.3　电力工程中常用小波举例

2.3.1　db 小波

db*N* 小波系是由著名学者多贝西（Daubechies）提出的一系列二进小波的总称。除了 db1［即 Haar（哈尔）小波］外，其他小波没有明确的表达式。其中的 *N* 为序号，取正整数。

以 db8 小波为例，其对应的小波函数和尺度函数如图 2-3 所示。

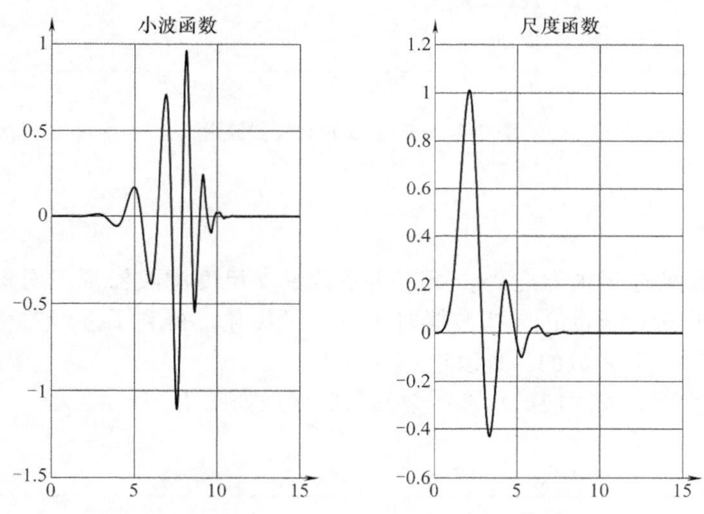

图 2-3　db8 小波的小波函数和尺度函数

图 2-4 所示的 db8 小波波形包括分解低通滤波器、分解高通滤波器、重构低通滤波器、重构高通滤波器的波形。

db*N* 小波的一些主要性质如下：

- 具有紧支撑性（compactly supported）
- 具有正交性（orthogonal）
- 具有双正交性（biorthogonal）
- 可以进行连续小波变换（CWT）
- 可以进行离散小波变换（DWT）
- 支撑长度（support width）为 $2N-1$
- 滤波器长度（filters length）为 $2N$
- 大多数不具有对称性（symmetry）
- 小波函数 $\psi(t)$ 消失矩阶数为 N

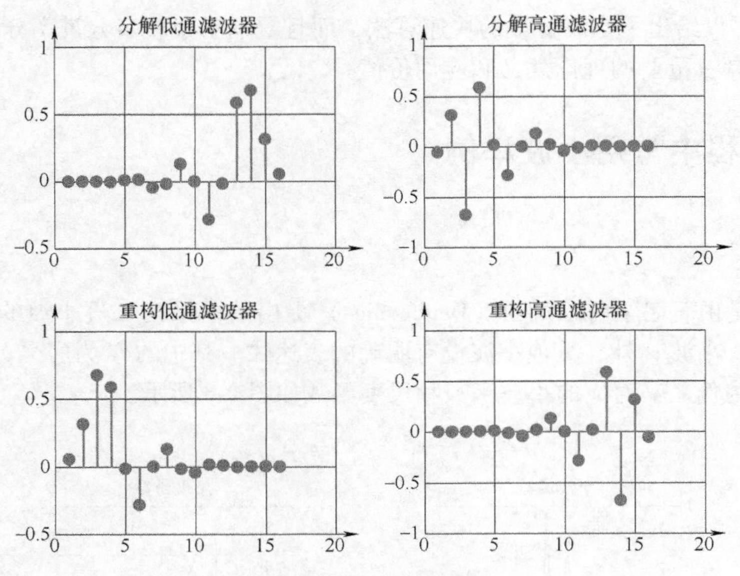

图 2-4　db8 小波的滤波器波形

2.3.2　sym 小波

多贝西证明，除哈尔滤波器之外，所有实系数紧支尺度滤波器都不对称，不具有线性相位。因此，多贝西在设计 symmlets 滤波器时，进行了优化，得到了近似对称的小波函数，即 sym*N* 小波系。它是对 db 函数的一种改进。

以 sym10 小波为例，其对应的小波函数和尺度函数如图 2-5 所示。

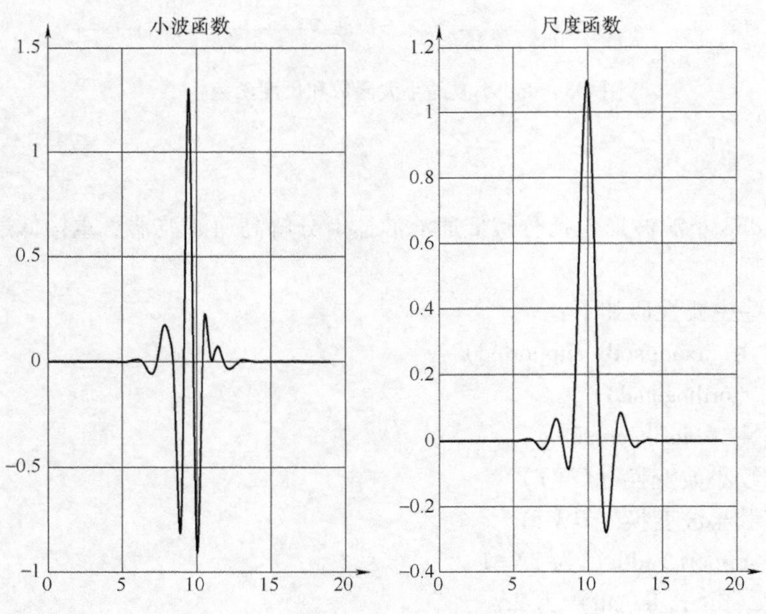

图 2-5　sym10 小波的小波函数和尺度函数

图 2-6 所示的 sym10 小波波形包括分解低通滤波器、分解高通滤波器、重构低通滤波器、重构高通滤波器的波形。

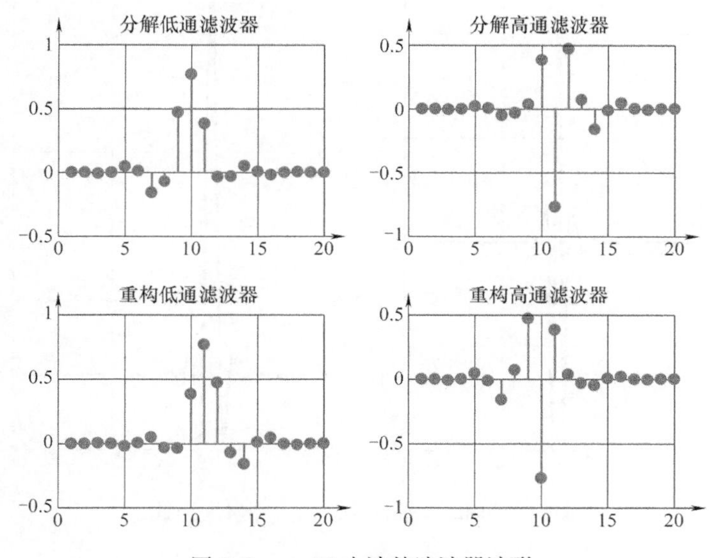

图 2-6　sym10 小波的滤波器波形

symN 小波的一些主要性质如下：

- 对于给定的支撑长度，symN 小波具有最小的不对称性和最高的消失矩阶数
- 相应的尺度滤波器近似是线性相位的滤波器
- 具有紧支撑性
- 具有正交性
- 具有双正交性
- 可以进行连续小波变换
- 可以进行离散小波变换
- 支撑长度为 $2N-1$
- 滤波器长度为 $2N$
- 近似对称
- 小波函数 $\psi(t)$ 消失矩阶数为 N

2.3.3　coif 小波

coiflet 函数也是由多贝西构造的一个小波函数，简称 coif 小波。它具有 coifN 小波系（$N=1,2,3,4,5,\cdots\cdots$）。设计 db 小波时，只考虑了小波获得最大消失矩，而没有考虑尺度函数的消失矩。当同时考虑两者后，对某一精细尺度，信号的采样值是其尺度系数（多分辨率分析中的离散逼近信号）的高阶近似。而且 coif 小波的消失矩阶数越高，用信号的采样值逼近多分辨率分析中的离散逼近信号的误差会越小，其小波函数和尺度函数将更为对称。

以 coif5 小波为例，其对应的小波函数和尺度函数如图 2-7 所示。

图 2-8 所示的 coif5 小波波形包括分解低通滤波器、分解高通滤波器、重构低通滤波器、重构高通滤波器的波形。

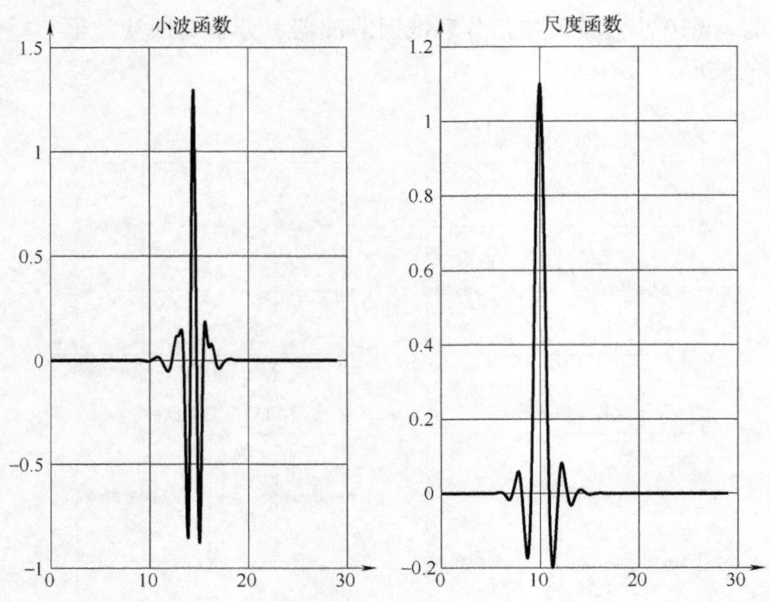

图 2-7　coif5 小波的小波函数和尺度函数

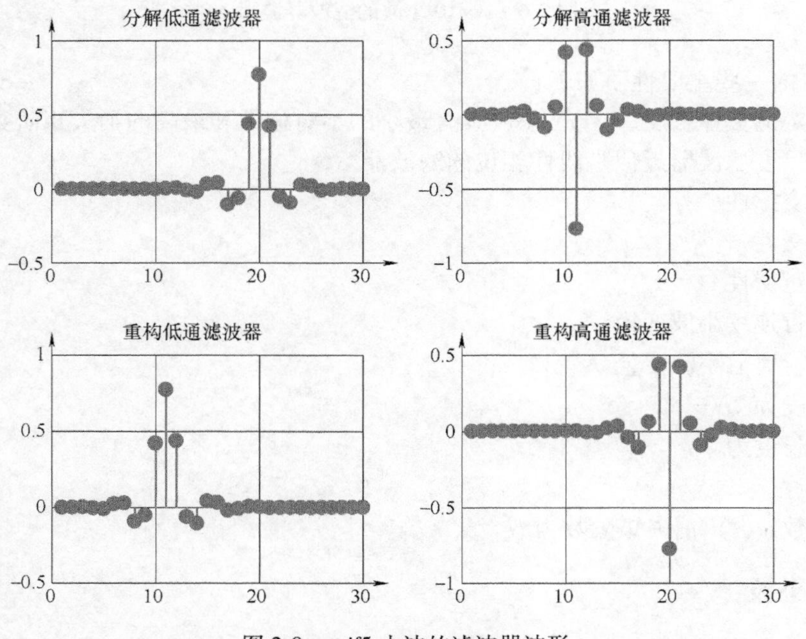

图 2-8　coif5 小波的滤波器波形

coif$N$ 小波的一些主要性质如下：

- 对于给定的支撑长度，coif$N$ 的小波函数和尺度函数都具有最高的消失矩阶数
- 具有紧支撑性
- 具有正交性
- 具有双正交性
- 可以进行连续小波变换

- 可以进行离散小波变换
- 支撑长度为 $6N-1$
- 滤波器长度为 $6N$
- 近似对称
- 小波函数 $\psi(t)$ 消失矩阶数为 $2N$
- 尺度函数 $\varphi(t)$ 消失矩阶数为 $2N-1$

2.3.4　bior 小波

bior 小波属于双正交小波族。正交小波满足 $<\varphi_{j,k},\varphi_{l,m}>=\delta_{jl}\delta_{km}$，即小波函数的平移伸缩系构成的基完全正交。双正交小波仅满足 $<\varphi_{j,k},\varphi_{l,m}>=\delta_{jl}$，即异尺度伸缩小波系存在正交性，而尺度间平移小波系不存在正交性，用来分解和重构的母小波不一样，对应滤波器也不一样。双正交小波在信号的相移间保持了部分冗余，对于信号重构大有好处，它具备完全正交小波所没有的优点，可通过有限脉冲响应滤波器精确重构信号。

以 bior2.6 小波为例，其对应的小波函数和尺度函数如图 2-9 所示。

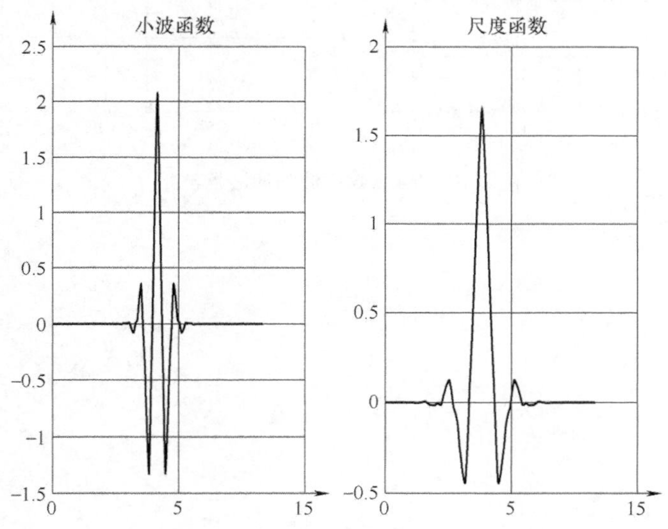

图 2-9　bior2.6 小波的小波函数和尺度函数

图 2-10 所示的 bior2.6 小波波形包括分解低通滤波器、分解高通滤波器、重构低通滤波器、重构高通滤波器的波形。

biorN_r.N_d 小波的一些主要性质如下：

- 具有紧支撑性
- 无正交性
- 具有双正交性
- 可以进行连续小波变换
- 可以进行离散小波变换
- 支撑长度，重构为 $2N_r+1$，分解为 $2N_d+1$
- 滤波器长度为 $\max(2N_r,2N_d)+2$

- 不对称
- 小波函数 $\psi(t)$ 消失矩阶数为 N_r-1

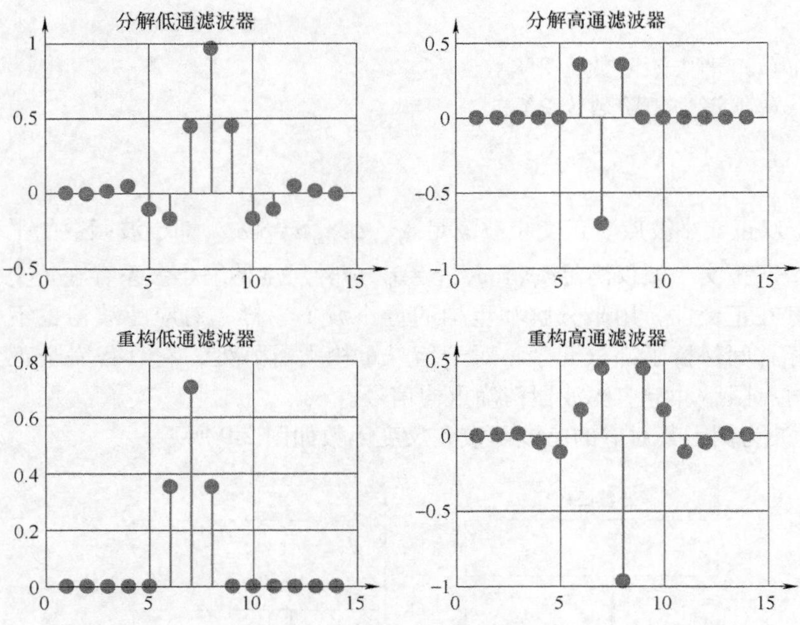

图 2-10　bior2.6 小波的滤波器波形

第 3 章

一种新型可控阈值函数和阈值算子优化的小波去噪算法

3.1 引言

3.1.1 现有去噪方法对比

随着大量非线性电力电子设备和冲击性、波动性负荷越来越多地接入电力系统，各种电能质量扰动事件严重影响了工业生产和居民用电，因此准确检测出各种扰动是改善电能质量的重要前提。然而，由于外界环境的电磁干扰、监测设备误差等因素总不可避免地使检测到的电能质量信号叠加噪声，噪声的存在会严重影响电能信号中扰动点的定位。如何能在去噪的同时保留扰动突变信息实现真正的有效去噪，是提高电能质量的关键一环。

噪声的产生原因很多，电力系统中的非线性检测器件、供电电源投切、控制器、电弧设备、整流负荷、电磁干扰及电力电子装置等都有可能产生噪声。系统接地线路安置不当，未能将噪声信号传至远离电力系统的地方，往往会增加噪声对系统的干扰和影响。

目前，去噪方法有多种，传统的有线性滤波、非线性滤波、傅里叶变换等，新发展的有经验模态分解（empirical mode decomposition，EMD）、奇异值分解、高斯滤波、小波变换等。

（1）线性滤波

滤波器的输出是输入信号的线性函数，这样的称为线性滤波。线性滤波技术原理简单、理论成熟、计算不复杂，简单的数学表达形式及某些理想特性使其很容易设计和实现。

（2）非线性滤波

与线性滤波技术相比，非线性滤波技术出现的时间不长，缺乏系统、严密的数学理论基础。在相关滤波器的性能评价上也有一定的局限性。它利用对输入信号的一种非线性映射关系，常可把某一特定的噪声近似地映射为零而保留信号的主要特征，因而可以在一定程度上弥补线性滤波的不足。

（3）傅里叶变换

傅里叶变换在很长一段时间一直是信号去噪的主角，它利用傅里叶变换及其逆变换将信号在时频两域内转换，从而达到去噪的目的。但在去噪的同时也造成了有用信号的模糊和丢失，所以傅里叶变换去噪具有很大的局限性，只针对有用信号与噪声信号频率相差明显的信号有良好的去噪效果。

（4）经验模态分解

经验模态分解将原始信号序列相邻峰值点间的时延定义为时间尺度，把信号序列分解为一系列不同尺度的本征模函数（intrinsic mode function，IMF），使得各个 IMF 分量信号都是平稳的窄带信号。经验模态分解的优点是不需要事先设定基函数和分解层数，而是根据信号自身的特点通过重复迭代的方式将信号自适应地分解，但 EMD 存在边界效应。

（5）奇异值分解

利用奇异值分解进行去噪主要是对含噪信号构造汉克尔（Hankel）矩阵，然后对此矩阵进行奇异值分解，通过对有效秩的确定来去除一部分小的奇异值，进而去除噪声。该方法能有效地提高扰动信号的信噪比，保持原始信号的扰动特征。奇异值分解具有无延时、相移小等特点，但计算复杂，选择最优降噪阶次困难。

（6）高斯滤波

高斯滤波中的具体实现就是对周围的一定范围内的像素值分别赋以不同的高斯权重值，并在加权平均后得到当前点的最终结果。高斯滤波算法在低通滤波中有不错的表现，但是由于只考虑了像素间的空间位置上的关系，因此滤波的结果会丢失边缘的信息，高斯滤波容易平滑掉瞬变信息。

（7）小波变换

近年来，小波变换去噪开启了信号去噪处理的一个新领域。小波去噪的过程实质上是一个逐步逼近原始信号的过程，这也是为什么小波去噪可以较好地保留瞬变信息的原因。小波去噪是一个信号滤波的问题，但它又不同于传统意义上的低通滤波，它可以保留信号的基本特性。因而，它可以看成是综合了特征提取和低通滤波的功能。

各种去噪方法的优缺点见表 3-1。

表 3-1　各种去噪方法的优缺点

去噪方法	优点	缺点
线性滤波、非线性滤波	理论基础完善、数学处理简单、易于实现	对高频分量抑制效果较差且容易模糊瞬变信息
傅里叶变换	在频域内分析信号	去噪的同时模糊位置信息且不能有效区分有用信号的高频部分和由噪声引起的高频干扰
经验模态分解	提取非平稳信号的瞬时参数，不需设定基函数	存在边界效应，算法有待完善
奇异值分解	理论基础完善，无延时、相移小	计算复杂，选择最优降噪阶次困难
高斯滤波	时频窗面积最小的零相移滤波方法	容易平滑掉瞬变信息
小波变换	可以提供一个可变的时频窗，具有多分辨率分析特点	存在能量泄漏问题

3.1.2　经验模态分解

EMD 依据信号自身的时间尺度特征，对信号进行分解。信号由若干个本征模函数所构成，本征模函数之间相互重叠便形成复合信号。经验模态分解是为了分解出其中本征模函数，分解的具体步骤如下：

1）将信号 $x(t)$ 的极大值点和极小值点分别作为上包络线 $x_1(t)$ 和下包络线 $x_2(t)$，求其平均值 $m_1(t)$，公式为

$$d_1(t)=[x_1(t)+x_2(t)]/2 \tag{3-1}$$

2）计算原信号 $x(t)$ 和平均值 $m_1(t)$ 的差值，公式为

$$g_1(t)=x(t)-m_1(t) \tag{3-2}$$

3）将 $g_1(t)$ 作为新的初始信号，重复前两步，直到得到的信号满足 IMF 必须满足的约束条件，即 $c_1(t)=\mathrm{imf}_1$，此时剩余值公式为

$$p_1(t)=x(t)-c_1(t) \tag{3-3}$$

4）将 $p_1(t)$ 作为一个新的信号，重复前 3 步，得到一系列 imf_i 和 $p_i(t)$。当 $p_i(t)$ 不能再被分解时，则信号 $x(t)$ 的经验模态分解完成。把信号 $x(t)$ 分解成一组 IMF 和残差的和公式为

$$x(t)=\sum_{i=1}^{n} c_i+r_n \tag{3-4}$$

对于式（3-4），IMF 需要满足两个条件，即 IMF 的极值数量和零穿越的数量最多差 1，IMF 中极大值和极小值包络线的均值为零。

经过 EMD，信号分解为高频部分 imf_1 和低频部分 p_1，p_1 再分解为高频部分 imf_2 和低频部分 p_2，直至分解完成，所分解的 imf 分量从高频到低频顺序排列。基于 EMD 的去噪思想认为，被噪声污染的信号中噪声主要集中在高频部分（低序列 IMF），有用信号主要集中在低频部分（高序列 IMF）。因此，一定存在某个分界点 k_s。在 k_s 之前的 IMF 主要为噪声，之后的主要为有用信号，如何准确地确定高低频分界点 k_s，成为分离噪声与有用信号的关键因素。

3.1.3　奇异值分解

假设含噪信号 $\boldsymbol{X}=(x_1,x_2,\cdots,x_N)$，并有原始信号 $\boldsymbol{S}=(s_1,s_2,\cdots,s_N)$，噪声信号 $\boldsymbol{V}=(v_1,v_2,\cdots,v_N)$，$N$ 为信号的长度，并且满足下式：

$$\boldsymbol{X}=\boldsymbol{S}+\boldsymbol{V} \tag{3-5}$$

将含噪信号 $\boldsymbol{X}$ 构造成 $m\times n(m\leqslant n)$ 的 Hankel 矩阵：

$$\boldsymbol{H}_{m\times n}=\begin{bmatrix} x_1 & x_2 & \cdots & x_n \\ x_2 & x_3 & \cdots & x_{n+1} \\ \vdots & \vdots & \cdots & \vdots \\ x_m & x_{m+1} & \cdots & x_N \end{bmatrix}$$

式中，$1< n<N$；m 为嵌入维数，并且满足 $m+n-1=N$。

将得到的 Hankel 矩阵进行奇异值分解：

$$\boldsymbol{H}=\boldsymbol{U}\Sigma \boldsymbol{V}^{\mathrm{T}} \tag{3-6}$$

式中，$\boldsymbol{U}=(u_1,u_2,\cdots,u_m)\in \mathbf{R}^{m\times m}$，为正交矩阵；$\boldsymbol{V}=(v_1,v_2,\cdots,v_m)\in \mathbf{R}^{n\times n}$，为正交矩阵；$\Sigma$ 为 $m\times n$ 维矩阵。

$$\Sigma=\begin{bmatrix} \boldsymbol{\Lambda} & 0 \\ 0 & 0 \end{bmatrix}$$

式中，$\boldsymbol{\Lambda}=\mathrm{diag}(\sigma_1,\sigma_2,\cdots,\sigma_r)$，并且 $\sigma_1\geqslant\sigma_2\geqslant\cdots\geqslant\sigma_r$，$\sigma_i$ 为矩阵 $\boldsymbol{H}$ 的奇异值，r 为 Hankel 矩阵的秩；0 为零矩阵。

奇异值分解降噪的原理是通过取矩阵 $\boldsymbol{\Lambda}$ 的前 k 个有效奇异值（$k<r$），并将剩余（$r-k$）个奇异值置为零，然后根据奇异值分解的逆过程求出重构矩阵，最后将矩阵反演转化为一维信号，即为去噪信号。

3.1.4　基于小波变换的信号去噪

信号去噪的准则如下：

1）光滑性。在大部分情况下，降噪后的信号应该至少和原信号具有同等的光滑性。

2）相似性。降噪后的信号和原信号的方差估计应该是最坏情况下的最小值。

当前，小波技术在信号去噪中得到了广泛的研究并取得了非常好的应用效果，已成为信号去噪的主要方法之一。其主要原因是小波变换具有下述特点：

1）低熵性。小波系数的稀疏分布使信号变换后的熵降低。

2）多分辨率性质。该性质使小波变换可以非常好地刻画信号的非平稳特性，如边缘、尖峰、断点等。

3）去相关性。小波变换可以对信号进行去相关，且噪声在变换后有白化趋势，所以在小波域比在时域更利于去噪。

4）小波基选择的多样性。由于小波变换可以灵活地选择不同的小波基，如单小波、多小波、多带小波、小波包、平移不变小波等，因此可以根据信号特点和去噪要求选择合适小波。

小波变换以其优良的时频局部化特性成为去噪的有力工具，基于小波的去噪方法可以分为以下 3 类：

1）基于小波变换极大值原理去噪。Mallat 提出，信号与噪声在小波变换各尺度上有不同的传播特性，通过观察不同尺度上的小波变换模极大值的渐变规律和分布规律，剔除由噪声产生的模极大值点，用所剩余的模极大值点恢复信号。

2）基于相关性去噪。信号的小波变换在各尺度间有较强的相关性，而且在边缘处也具有很强的相关性；但是，噪声的小波变换在各尺度间没有明显的相关性，主要集中在小尺度各层次中。基于相关性小波去噪方法，首先计算相邻尺度间小波系数的相关性，根据相关性的大小区别小波系数的类型进行取舍，然后再进行小波重构，从而实现去噪。例如，小波隐马尔可夫树去噪方法就是这个原理。

3）阈值去噪。阈值去噪是一种实现简单、效果较好的小波去噪方法。其基本思想是，对小波分解后的各层系数中模大于或小于某阈值的系数分别处理，然后进行反变换重构去噪后的信号。小波阈值去噪算法的主要思想是，针对某一信号，对小波系数设置最优的阈值，绝对值小的小波系数置零，绝对值大的小波系数保留或收缩，然后对经过阈值函数处理后的系数进行小波逆变换，重构信号，来达到去噪的目的。

3.2 小波阈值去噪原理

3.2.1 正交小波快速算法

Mallat 算法是正交小波的快速算法，其对于离散小波变换有着重要意义。Mallat 快速算法是将原始信号通过一个低通和一个高通滤波器所组成的滤波器组 $\{h(n), g(n)\}$ 进行滤波的，信号通过滤波器组后，被分解成低频成分和高频成分，分解结果分别反映了信号的概貌和细节特征。要对信号做更精细的观测，再将低频成分按照同样方法进行分解，直至所需要的分解尺度。

Mallat 算法中，尺度函数 $\phi(t)$ 对应一个低通滤波器 $h(n)$，小波函数 $\psi(t)$ 对应一个高通滤波器 $g(n)$，相应的表达式为

$$\begin{cases} h(n) = \sqrt{2}\int_{-\infty}^{+\infty}\phi(t)\phi(2t-n)\mathrm{d}t \\ g(n) = \int_{-\infty}^{+\infty}\psi(t)\phi(2t-n)\mathrm{d}t \end{cases} \tag{3-7}$$

概貌信号和细节信号分解公式为

$$\begin{cases} a_{j+1}(n) = \sum_k h(k)\ a_j(2n-k) \\ d_{j+1}(n) = \sum_k g(k)\ a_j(2n-k) \end{cases} \tag{3-8}$$

式中，$a_{j+1}(n)$、$d_{j+1}(n)$ 分别为第 j 尺度的第 n 个逼近和细节小波系数。

重构是分解的逆过程，重构算法如下：

$$a_j(n)=\sum_k h(n-2k)a_{j+1}(k)+\sum_k g(n-k)d_{j+1}(k) \tag{3-9}$$

小波阈值去噪正是基于 Mallat 快速算法实现的。

3.2.2　小波阈值去噪原理

在连续小波中，考虑如下函数：

$$\psi_{a,b}(t)=|a|^{-\frac{1}{2}}\psi\left(\frac{t-b}{a}\right) \tag{3-10}$$

式中，$b\in\mathbf{R}$；$a\in\mathbf{R}$。并且，$a\neq 0$，ψ 是容许的。离散化时，a 只取正值。从而相容性条件就变为

$$C_\psi=\int_0^\infty \frac{|\hat{\psi}(\omega)|}{|\omega|}\mathrm{d}\omega<\infty \tag{3-11}$$

为便于离散化处理，常取尺度参数 $a=a_0^j$、平移参数 $b=ka_0^jb_0$。其中，$j\in\mathbf{Z}$，$a_0\neq 1$ 且值固定，故对应的离散小波函数 $\psi_{j,k}(t)$ 为

$$\psi_{j,k}(t)=a_0^{-\frac{j}{2}}\psi\left(\frac{t-ka_0^jb_0}{a_0^j}\right)=a_0^{-\frac{j}{2}}\psi(a_0^{-j}t-kb_0) \tag{3-12}$$

离散化后，小波变换系数可写为

$$C_{j,k}=\int_{-\infty}^{+\infty} f(t)\overline{\psi_{j,k}(t)}\,\mathrm{d}t=\langle f(t),\psi_{j,k}(t)\rangle \tag{3-13}$$

其重构公式为

$$f(t)=C\sum_{j=-\infty}^{\infty}\sum_{k=-\infty}^{\infty}C_{j,k}\psi_{j,k}(t) \tag{3-14}$$

式中，C 为常数，与信号无关。

建立含噪信号模型如下：

$$f(t)=s(t)+n(t) \tag{3-15}$$

式中，$s(t)$ 为电能扰动信号；$n(t)$ 为高斯白噪声，服从 $N(0,\sigma^2)$。

对 $s(t)$ 进行离散小波变换，则有

$$\langle f(t),\psi_{j,k}(t)\rangle=\langle s(t),\psi_{j,k}(t)\rangle+\langle n(t),\psi_{j,k}(t)\rangle \tag{3-16}$$

记为

$$w_{j,k(f)}=w_{j,k(s)}+w_{j,k(n)} \tag{3-17}$$

从式（3-17）可见，因为小波变换是一种线性变换，$w_{j,k(f)}$ 仍由 $w_{j,k(s)}$ 和 $w_{j,k(n)}$ 两部分组成，分别对应信号和噪声。基于有用信号和噪声在经小波变换后具有不同的统计特性：有用信号的能量对应着幅值较大的小波系数，噪声能量则对应着幅值较小的小波系数，并分散在小波变换后的所有系数中。信号和噪声经过小波变换后，通常系数 $w_{j,k(s)}$ 要大于 $w_{j,k(n)}$。利用

这一特征，对分解后的小波系数进行处理，就可以实现从 $f(t)$ 中去除 $n(t)$，进而得到有用信号 $s(t)$。

小波阈值去噪的主要依据是，噪声与有效信号经过小波变换后能量分布的不同。信号经过小波变换后小波系数由两部分组成：一部分是幅值较小、数目多、能量较为均匀分布的小波系数，这类系数由噪声产生；另一部分是幅值较大、数目少、能量较为集中的小波系数，这类系数由有用信号产生，依据小波系数的不同特点就可以实现信噪分离。小波阈值去噪分为以下三个步骤：

1）对实际信号进行小波变换。选择合适的小波母函数，确定分解尺度，对含噪实际信号进行小波变换，得到各个尺度上的小波系数。

2）对小波细节系数进行阈值化处理。确定合理的阈值和阈值函数，对各个分解尺度下的小波细节系数进行阈值量化处理，得到新的小波细节系数。该步是小波去噪的关键，阈值函数选择得越好，则去噪效果也越好。

3）小波逆变换重构信号。把小波分解得到的最底层的逼近系数和经过阈值处理后各尺度的细节系数通过小波逆变换进行重构，得到去噪后的信号。

小波阈值去噪流程图如图 3-1 所示。

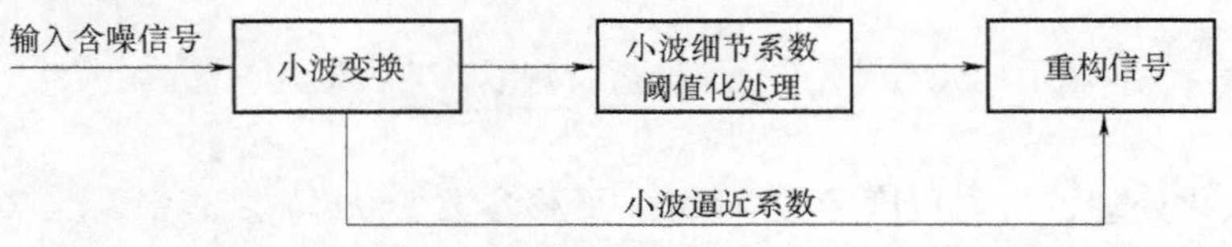

图 3-1　小波阈值去噪流程图

小波阈值去噪因其计算量小、方法简单在实际中得到了广泛的应用。可见，阈值和阈值函数是影响去噪效果的两个重要因素。阈值过大，会滤除有用信息导致失真；阈值过小，会导致噪声滤除不干净。阈值函数的选取，对去噪重构信号的平滑性和高频信息有直接影响。

3.2.3　电能扰动信号检测方法

较之电能质量的定位与分类，电能质量扰动检测是提高改善电能质量的最基本和最重要的环节，正确地发现扰动可以及时触发相应的功能模块，以便记录扰动期间的数据，便于后续的分析处理。判断是否存在电能质量扰动，并且计算扰动的起止时刻、持续时间是电能质量扰动检测的开始，也是实现后续处理的基础。

检测方法可以分为时域分析方法、频域分析方法、时频域分析方法等。

1. 时域分析方法

时域分析方法在电能质量分析中的应用最为广泛。其主要是指基于各种矢量变换和瞬时无功功率理论的电能质量扰动分析方法，以及利用一些时域仿真程序对各种暂态电能质量扰动进行研究。

矢量变换可以使电能质量扰动分析得到简化，常用的矢量变换有 $\alpha\beta$ 变换、dq 变换、对称分量变换等。瞬时无功功率理论是在 $\alpha\beta$ 变换、dq 变换的基础上提出的，其原理是将三相电路的描述方式转换到 $\alpha\beta$ 两相正交的坐标系上研究，并定义了三相电路瞬时有功功率、瞬时无功功率。

常用的时域仿真程序分为两大类：一类是系统暂态仿真程序，如 EMTP、EMTDC、NETOMAC、

ATP 等；另一类是电力电子仿真程序，如 SPICE、PSPICE、SABER 等。由于电力系统主要由 R、L、C 等元件组成，电力元件方程可用微分方程表示。在求解方程时，通常采用简单易行的变阶、变步长、隐式梯形积分法，这可保证求解过程中的数值稳定。采用变阶、变步长技术，可缩短迭代计算的时间。另一方面，仿真步长的选取决定了可模仿的最大频率范围，因此暂态过程的频率覆盖范围必须事先已知，这也是采用时域仿真计算方法的缺点。

利用仿真程序可以实现如下一些研究：

1）计算并分析系统中出现的过电压及其对各种保护设备的影响。

2）分析电力电子装置产生的电压缺口现象，开发能改善电能质量的新型电力电子装置。

3）分析电容器投切造成的暂态现象。

4）分析电弧炉等电压波动引起的电压闪变现象。

5）分析不正常接地引起的电能质量问题。

6）分析电压暂降等电能质量问题对各种用电设备造成的影响。

7）可实现电力设备、元件的建模。

8）可实现电力系统的谐波分析。

2. 频域分析方法

频域分析方法主要包括傅里叶分析、谱分析等。傅里叶变换是数字信号处理中有重要作用的数学变换方法。1822 年，法国数学家傅里叶首次提出并证明了将周期函数展开为正弦级数的原理，从而奠定了傅里叶级数和傅里叶变换的理论基础。快速傅里叶变换的出现使得傅里叶变换在电能质量扰动检测应用上得到了飞速发展。应用计算机实现傅里叶变换只能采用离散傅里叶及其快速方法，但因时域加窗和频域采样特性，会导致频谱泄漏和栅栏效应，使得检测结果出现误差。

频域分析方法主要用于电力系统中的谐波分析，包括频谱扫描、谐波潮流计算等。新型的混合谐波潮流计算方法，考虑到非线性负荷的动态特性，则用微分方程描述非线性负荷，利用时域仿真对非线性负荷进行计算，求出各次谐波动态电流矢量，得到动态谐波潮流解。这种方法的优点是可详细考虑非线性负荷控制系统的作用，因此可精确描述其动态特性；缺点是计算量大，求解过程复杂。

频域分析中还有一个常用的方法，即对称分量法。它的优点是概念清晰、建模简单、算法成熟，不足之处在于计算量大、耗时长。相对于暂态问题，对于电能质量中稳态问题，如谐波、电压波动和闪变、三相不平衡等，具有变化相对较慢、持续时间较长等特点，所以通常采用频域分析方法。

3. 时频域分析方法

时域分析方法和频域分析方法对信号的分析要么完全在时域，要么完全在频域。这只能了解信号在时域或频域的全局特性，而不能将两者有机地结合起来。对于分析平稳信号这样尚可，但电能扰动信号往往是非平稳的，希望知道信号频谱随时间的变化情况，因此就需要时频域分析方法。

目前常用的时频域分析工具主要有短时傅里叶变换、小波变换、希尔伯特黄（Hilbert-Huang）变换和 S 变换等。

（1）短时傅里叶变换

短时傅里叶变换是一种局域化的时频分析方法，其奠基工作是由 Gabor 于 1946 年完成的。这种方法的基本思想是，把信号划分成许多小的时间间隔，用傅里叶变换分析每一个时间间隔，以便确定该时间间隔存在的频率。该方法把非平稳信号看成是一系列短时平稳信号的叠加，而短时性则通过时域上加窗来获得。虽然短时傅里叶变换在一定程度上克服了傅里叶变换不具有局部分析能力的缺陷，但由于其窗函数是固定的，因此，短时傅里叶变换的时频分辨率也是固定的。若要改变分辨率，则必须重新选择窗函数。短时傅里叶变换不能兼顾高的时间分辨率和高的频率分辨率，并且其离散形式没有正交展开，难以实现高效数值算法。

（2）小波变换

小波变换是由莫莱（Morlet）于1980年在进行地震数据分析工作时提出的。1985年迈耶尔（Meyer）构造出一个真正的光滑正交小波基，从而掀起了小波研究热潮。1989年，比利时数学家多贝西提出了具有紧支集的光滑正交小波基，将小波分析研究向前大大推进了一步。近年来，小波变换得到了迅速发展，小波变换的出现为电能质量分析开辟了新的研究方向，被广泛应用于电能质量扰动检测、分类、数据压缩和降噪等各个方面。

小波分析方法是一种窗口大小（即窗口面积）固定但其形状可改变的时频局部化分析方法，因此它克服了以上傅里叶变换和短时傅里叶变换的缺点。小波变换是一种多尺度分析，能够对信号从粗到细加以分析（从低分辨率到高分辨率），既显示过程变化的全貌，又剖析局部变化特征。由于小波函数本身衰减很快，也属一种暂态波形，将其用于电能质量分析领域，尤其是暂态电能质量分析，其具有傅里叶变换和短时傅里叶变换无法比拟的优越性。

（3）希尔伯特黄变换

希尔伯特黄变换（Hilbert-Huang transform，HHT）方法的核心部分为EMD，从本质上讲EMD是对一个信号进行平稳化处理，其结果是将信号中不同尺度的波动或趋势逐级分解开来，产生一系列具有不同特征尺度的数据序列，每一个序列即为一个IMF分量。借助希尔伯特变换便可进一步得到信号的时频谱图，由此得到的谱图能够准确地反映系统原有的特性。对于一个非平稳的数据信号来讲，直接进行希尔伯特变换得到的结果在很大限度上失去了原有的物理意义。而由于经EMD得到的各IMF都是平稳化的序列，因此基于IMF分量进行希尔伯特变换后的结果能够反映真实的物理过程。

希尔伯特黄变换不仅不受海森伯格测不准条件约束，同时不存在非线性交叉项。然而，在经验模态分解过程中，在数据序列两端会出现发散现象，其结果是随着分解过程的不断进行，逐渐向内"污染"整个数据序列而使结果严重失真，且有很多次会出现不包络甚至极不包络的情况，致使经验模态分解无法进行。

希尔伯特黄变换假设任一信号是由一系列固有模态量函数组成的，因此时变、非平稳信号可以分解成固有模态量函数分量，它能直观地描述信号，并且在时、频域都有很高的分辨率。希尔伯特黄变换在谐波分析和暂态扰动检测方面得到了应用。

（4）S变换

S变换（S-transform，ST）是地球物理学领域的学者斯托克韦尔（Stockwell）等人于1996年提出了一种时频可逆分析方法。它继承和发展了小波变换和短时傅里叶变换，既有小波变换多分辨率分析的特点，又有短时傅里叶变换单频率独立分析的能力，同时避免了两者窗函数选择的问题。

S变换优于短时傅里叶变换的地方就在于，S变换高斯窗的高度和宽度可以随待测信号频率变化而变化，可以分析频率突然变化的信号。S变换具有和小波变换相似的时频分辨特性，具有与频率相关的分辨率，其变换结果可以通过时频矩阵和时频图像表达。实际上，S变换的结果——S复时频矩阵，本身就包含了信号幅值、相位等重要的特征信息随时间和频率的分布状况，在实际应用中可以充分利用这些信息。

S 变换的一个缺点是在稳态谐波估计时，由于频率分辨率不是最高，同时窗宽受中心频率控制，所以会有误差。

4. 其他方法

（1）普罗尼（Prony）方法

早在 1795 年，法国数学家普罗尼（Prony）就提出了使用指数函数的线性组合来描述等间距数据的数学模型。该方法的基本原理是将等间距数据描述为一组 p 个任意幅度、相位、频率和衰减因子的指数函数之和，从而在 AR 模型或 ARMA 模型的基础上，利用最小二乘法估算出给定信号的细节信息（频率、幅值、相位和衰减因子等）。

普罗尼方法不依赖特征参数的初始估计值，其优点在于将一个非线性拟合法问题变为线性问题来处理，带来了方便，而且识别所需的复模态参数的原始数据较小，实时性较高，为电能质量的在线分析提供了理论基础。它的缺点在于，为了选择正确的模态阶数，要进行多次假定识别才能确定，比较费时间。

（2）人工智能方法

近年来，基于人工智能［如人工神经网络（artificial neural network，ANN）、模糊系统、专家系统］的自动检测和识别方法被用于电能扰动检测。基于专家系统方法的缺点是电能质量（PQ）的知识提取较难实现，而且随着 PQ 种类的增加，专家系统容易产生组合爆炸问题。人工神经网络作为较成熟的模式识别技术，其优点是可以处理多输入多输出系统，不必建立精确数学模型，只考虑输入输出关系即可。但是，人工神经网络方法存在结构复杂，训练费时的缺点，而且有新的扰动增加时，需要对网络重新进行训练，给应用带来了不便。

（3）支持向量机

支持向量机（support vector machine，SVM）是以统计学习理论为基础的，根据结构风险最小化原则进行处理，在小样本条件下具有良好的泛化能力。SVM 算法是一个凸优化问题，因此局部最优解一定是全局最优解。利用 SVM 强大的自学习功能和良好的泛化能力，通过对电能质量扰动特征样本的学习，可以对电能质量扰动做出识别。

（4）数理统计方法

数理统计方法，是利用分析扰动信号的统计特性，得出突变点的信息的一种方法。

3.3　阈值函数和阈值的选取

3.3.1　新阈值函数

小波阈值去噪是根据噪声和有用信号小波系数的不同特性，利用阈值函数对其进行处理，常用的是硬阈值和软阈值函数。

硬阈值函数的数学表达式为

$$y=\begin{cases}x & |x|\geqslant T\\0 & |x|<T\end{cases}\tag{3-18}$$

软阈值函数的数学表达式为

$$y=\begin{cases}\operatorname{sign}(x)(|x|-T) & |x|\geqslant T\\0 & |x|<T\end{cases}\tag{3-19}$$

式中，T 为阈值门限。

当小波系数绝对值大于阈值时，硬阈值函数将这些小波系数予以保留，而对于小于阈值的小波系数，则直接置零。因此，硬阈值函数是不连续函数，会产生一些间断点，数学上处理困难。对于绝对值大于阈值的小波系数，软阈值函数不是直接保留而是适当减小这些系数，即做一定的收缩处理，因此软阈值函数是连续函数，较好地克服了硬阈值函数间断点的问题，但是这种方法减小了绝对值大的小波系数，造成一定高频信息的损失，进而导致信号的边缘模糊。

当噪声很强时，为能更好地提升小波的分析性能，硬、软阈值函数方法都需要增加小波分解的尺度，这在一定程度上影响了去噪的实时性。信号的突变重要信息常被淹没于噪声中，在对信号去噪的过程中容易将这些重要特征信息过度削弱，甚至误当成噪声完全滤除掉，所以能保留突变点信息的有效去噪至关重要。

针对传统硬、软阈值函数的不足，本节采用可调阈值函数，其数学表达式为

$$y=\begin{cases}x-\dfrac{nT}{2}+\dfrac{nT}{1+e^{3x}} & |x|\geqslant T\\ 0 & |x|<T\end{cases} \tag{3-20}$$

式中，n 为可调参数，取值范围是 $n\in[0, 2]$。

当 $n=0$ 时，新阈值函数等同于硬阈值函数；当 $n=2$ 时，新阈值函数等同于软阈值函数；改变 n 的取值，可以使新阈值函数在软、硬阈值函数之间变动，进而减小原始信号与含噪信号之间的偏差，提高去噪性能。$n=0.5$、1、1.5 时的新阈值函数示意图如图 3-2 所示，可见 n 的这三个取值将硬、软阈值函数之间的区域均匀分割，反映了新阈值函数的三种不同的硬软特性，其去噪效果可以替代与其相近的阈值函数。

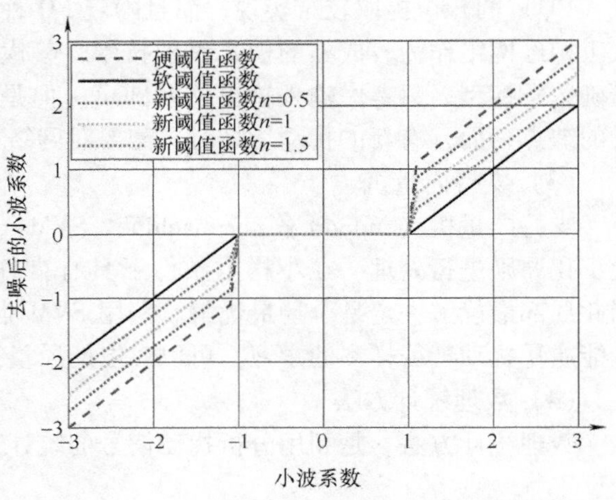

图 3-2　$n=0.5$、1、1.5 时的新阈值函数示意图

由以上分析可见，$\dfrac{1}{1+e^{3x}}$所具有的衰减特性可以衡量新阈值函数对小波系数的衰减程度，通过控制参数 n 可以动态减小对绝对值大的小波系数的衰减，这在一定限度上克服了软阈值函数存在的恒定衰减不足的问题。当 $x\to+\infty$时，$\dfrac{1}{1+e^{3x}}$快速衰减，值逐渐趋于 0；当 $x\to-\infty$时，$\dfrac{1}{1+e^{3x}}$逐渐变为 1。结合参数 n 的控制，式（3-20）中含阈值 T 的两个子项进一步保证了新阈值函数，既有硬阈值函数的特征，又有软阈值函数的平滑功能。

3.3.2　阈值的选取

传统的通用阈值估计为

$$\lambda=\sigma_j\sqrt{2\ln N} \tag{3-21}$$

式中，N 为 j 尺度上的小波细节系数的总数目；σ_j为噪声标准差，其计算式如下：

$$\sigma_j = \frac{\mathrm{median}(|cd_{j,k}|)}{0.6745} \tag{3-22}$$

式中，$cd_{j,k}$为小波分解后 j 尺度上的第 k 个小波细节系数值；median( ) 为中值函数。

通用阈值的取法在每个分解尺度上是固定的，然而这并不能很好地反映噪声和信号小波系数在各尺度之间的不同传播特性。即，随着分解尺度的增加，噪声小波系数不断减小，相反信号小波系数不断增加。若采用传统的通用阈值去噪，则可能导致“过扼杀”现象。针对这一不足，本节引入算子 $e^{\left(\frac{j}{3}-1\right)}$ 对阈值进行改进，即

$$\lambda_j = \sigma_j\sqrt{2\ln N} / e^{\left(\frac{j}{3}-1\right)} \tag{3-23}$$

当 $j=1$、2、3、4 时，算子 $e^{\left(\frac{j}{3}-1\right)}=0.5134$、0.7165、1、1.3956，修正算子的引入使得阈值能跟随分解尺度的变化而变化，具有更好的自适应性。

3.3.3　去噪算法流程

可控阈值函数和阈值算子优化的小波去噪算法流程如下：

1）选定 db5 为母小波，对输入的含噪信号进行 4 层小波分解，得到近似系数 ca4 和细节系数 cd4 、cd3、cd2、cd1。

2）依据式（3-22）、式（3-21）确定通用阈值，并进一步用式（3-23）算子对阈值进行优化。

3）依据式（3-20），用新阈值函数对小波细节系数进行去噪处理，得到去噪后的细节系数 cd4′、cd3′、cd2′、cd1′。

4）对 ca4 和 cd4′、cd3′、cd2′、cd1′进行小波逆变换重构，得到去噪后的信号。

3.4　实验研究

3.4.1　bumps 和 doppler 信号的去噪效果对比实验

去噪效果的评价指标通常是信噪比（signal-to-noise ratio，SNR）和均方误差（mean square error，MSE），其定义式为

$$\mathrm{SNR} = 10\lg\left[\frac{\sum_{t=1}^{k} s^2(t)}{\sum_{t=1}^{k}[s'(t)-s(t)]^2}\right] \tag{3-24}$$

$$\mathrm{MSE} = \frac{1}{k}\sum_{t=1}^{k}[s'(t)-s(t)]^2 \tag{3-25}$$

式中，$s(t)$ 为原始信号；$s'(t)$ 为去噪后的信号。

下面实验以 bumps 和 doppler 两种经典波形作为评估样本，针对不同的输入噪声强度，依次设定输入信噪比（SNR）为 4、8、12、16、20dB，分别采用硬阈值函数、软阈值函数和 3.3.1 节提出的新型阈值函数进行去噪处理，按照式（3-24）、式（3-25）计算去噪后的 SNR 和 MSE 值见表 3-2。考虑噪声具有很强的随机性，为保证实验数据的准确性，表 3-2 所示的计算结果是在同样实验前提下运行 20 次求得的平均值。

如表 3-2 所示，对于 bumps 和 doppler 两种信号，无论输入噪声的 SNR 值大小如何，采用新阈值函数去噪后的 SNR 值均高于采用硬、软阈值函数去噪处理后的 SNR 值。相应地，新阈值函数去噪后的 MSE 值相比硬、软阈值函数最小。表 3-2 所示的实验结果表明新阈值函数较硬、软阈值函数去噪效果更好。图 3-3 和图 3-4 所示分别为 bumps 和 doppler 两者的原始波形、含噪波形、采用新阈值函数去噪后的波形。显然可见，去噪后的波形已经较好地恢复了信号的原貌，与原始波形相差无几。

表 3-2　新、硬、软阈值函数去噪后的 SNR 和 MSE 值

实验波形	输入噪声 SNR/dB	去噪后的 SNR 值			去噪后的 MSE 值		
		新阈值函数	硬阈值函数	软阈值函数	新阈值函数	硬阈值函数	软阈值函数
bumps	4	14.95052	14.57368	14.85181	0.104067	0.1132963	0.106420017
	8	18.45821	18.27825	18.0967	0.046247	0.04819966	0.050295114
	12	21.17433	20.96184	20.43206	0.024797	0.02604627	0.029425531
	16	24.80973	24.72285	23.17772	0.010735	0.01095593	0.015623249
	20	27.97701	27.85671	25.71971	0.005184	0.00532887	0.008686896
doppler	4	14.7332	14.24682	14.5848	0.002895	0.0032387	0.002998577
	8	17.69175	17.42359	17.43941	0.001465	0.00155656	0.001551316
	12	20.97226	20.80749	20.16738	0.00069	0.00071666	0.000831341
	16	24.12789	24.05279	22.85428	0.000332	0.00033777	0.000445373
	20	27.08503	27.0208	25.18633	0.000168	0.00017072	0.000260326

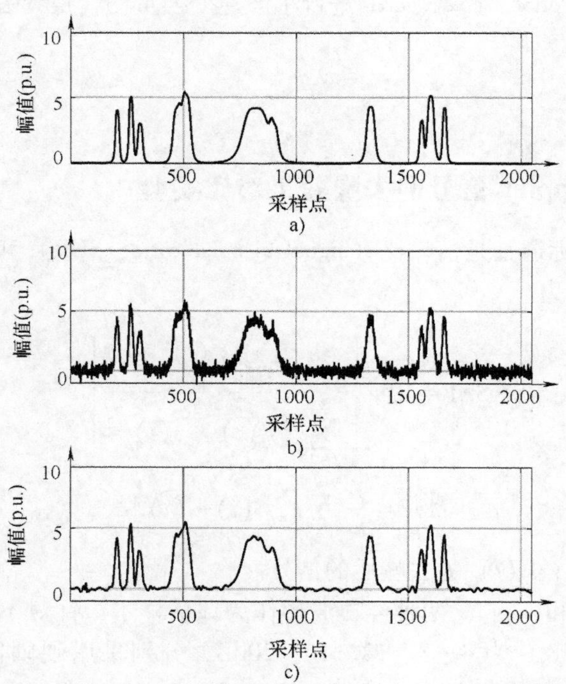

图 3-3　bumps 的原始波形、含噪波形、采用新阈值函数去噪后的波形

a）bumps 原始波形　b）含噪波形　c）新阈值函数去噪后波形

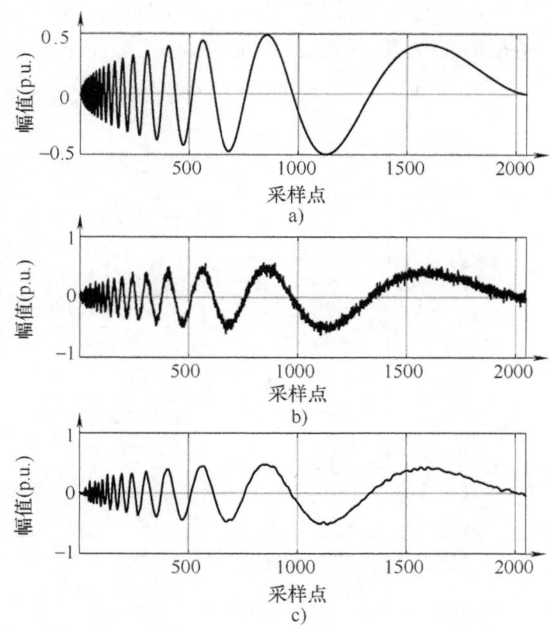

图 3-4　doppler 的原始波形、含噪波形、采用新阈值函数去噪后的波形
a）doppler 原始波形　b）含噪波形　c）新阈值函数去噪后波形

3.4.2　电压中断信号去噪实验

前面对 bumps 和 doppler 两种经典波形进行了去噪分析，为更好地解决实际问题，本节进一步针对电能质量信号进行去噪。依据国际标准 IEEE 1159 的电能质量监控标准，建立电能质量信号。限于篇幅，本节仅以电压中断和谐波两种扰动为例。采样频率取实际电能质量监控系统常采用的采样频率，即为 12.8kHz。db 小波是广泛应用于工程实际中的一种正交小波，考虑小波阈值去噪方法是将原信号变换到频域后进行的，即更多关注频域而不是时域信息，而支撑长度越长越适合做频域信号的分析；另外，高的消失矩阶数有利于信号奇异点的检测，但同时阶数越高计算量也会相应增加。综合考虑后，本节最终选择 db5 小波作为母小波。

设备故障、供电线路对地闪络等都会导致电压中断。对一些敏感用电负荷，如集成芯片制造和微电子控制的流水生产线等，持续时间为毫秒级的瞬时供电中断可能造成巨大的经济损失。本节建立的电压中断原始波形数学表达式为

$$y=\begin{cases}\sin 314t & t\in[0,0.062]\cup[0.125,0.2]\\0 & t\in[0.062,0.125]\end{cases}\tag{3-26}$$

图 3-5a 所示的原始信号中加入 20dB 的高斯白噪声后的含噪信号如图 3-5b 所示。采用新阈值函数去噪后的波形如图 3-5c 所示。可见图 3-5c 与图 3-5a 所示的波形几乎一样光滑。去噪的同时必须保留原始信号中的扰动奇异点信息，若去噪后 SNR 值很高，但奇异点信息也被滤除掉，则去噪是失败的。为此，本节进一步对图 3-5c 所示的去噪波形利用小波模极大值原理进行奇异点检测。图 3-5d 所示为 db5 小波分解后第 3 尺度的小波细节系数图。显然，图 3-5d

所示的两个模极大值点位置恰好对应原始信号电压中断的起止时刻，且无论中断发生在非峰值时刻（第一个奇异点）还是峰值时刻（第二个奇异点）均能准确检测出来。实验证明了本章所提去噪算法的可靠性。

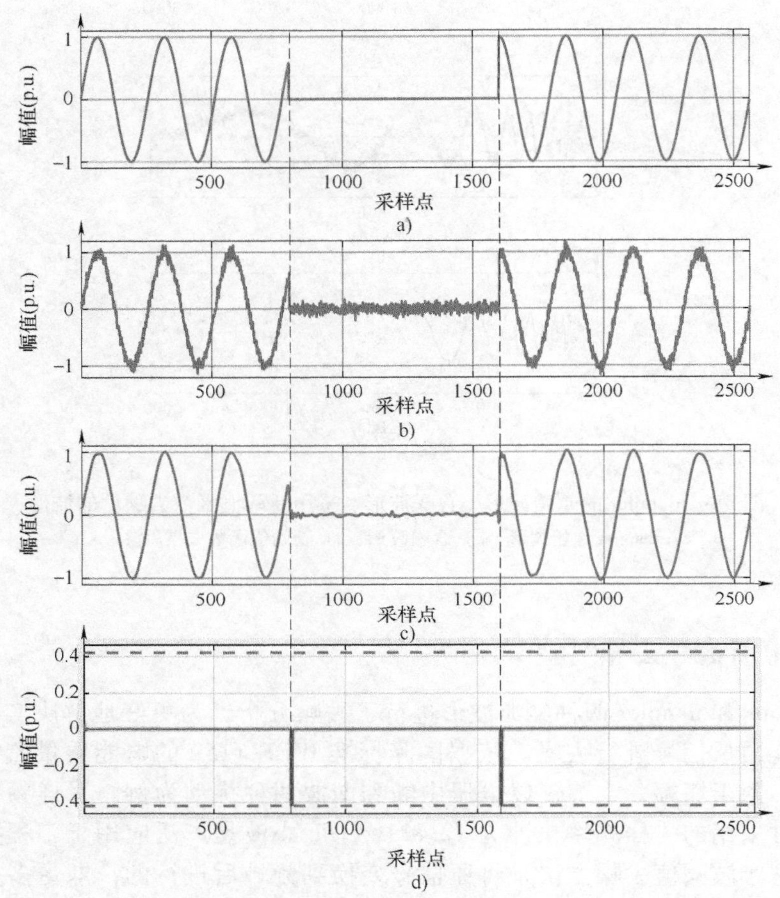

图 3-5　电压中断信号去噪实验波形图

a）电压中断原始波形　b）含噪波形　c）新阈值函数去噪后波形　d）cd3 小波细节系数

3.4.3　谐波信号去噪实验

供电系统中的非线性设备会带来谐波污染，谐波会引起附加发热，进而导致绝缘损坏，还会造成通信干扰和计量误差。本节建立的谐波原始波形数学表达式为

$$y=\begin{cases}\sin 314t & t\in[0,0.052]\cup[0.14,0.2]\\ \sin 314t+0.5\sin(3\times 314t+5)+0.3\sin(5\times 314t+5) & t\in[0.052,0.14]\end{cases}\tag{3-27}$$

谐波信号去噪实验波形图如图 3-6 所示。可见，不仅图 3-6c 所示的去噪后波形与图 3-6a 所示的很接近，证明达到了一个较好的去噪效果；图 3-6d 所示的波形也表明此时小波模极大值同样能很好地指示原始信号中谐波出现和消失的时刻，去噪的同时很好地保留了原始信号中的扰动突变关键信息，去噪后定位准确。

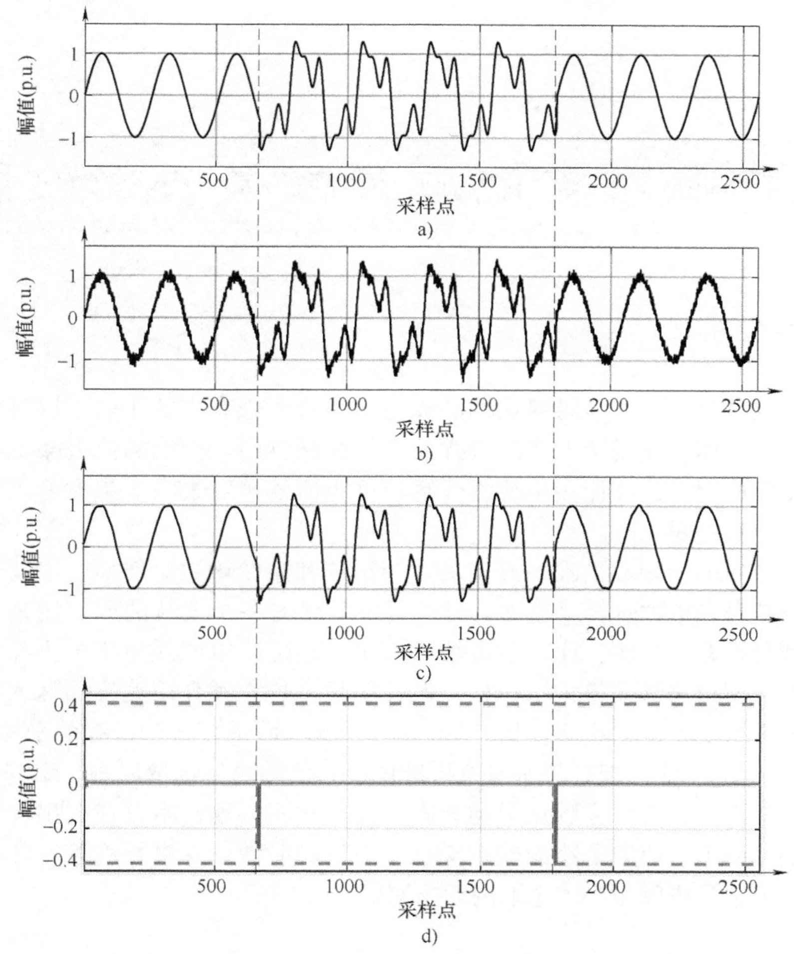

图 3-6　谐波信号去噪实验波形图

a）谐波原始波形　b）含噪波形　c）新阈值函数去噪后波形　d）cd3 小波细节系数

3.5　总结

本章针对硬阈值函数不连续导致间断点和软阈值函数过渡光滑导致偏差过大的不足，提出了一种新型阈值函数，通过对其参数的控制，可以实现多种不同的软硬特性，同时具有软硬阈值函数的优点。利用 db5 小波对 bumps 和 doppler 两种波形进行小波分解，引入算子 $e^{\left(\frac{j}{3}-1\right)}$ 修正各尺度阈值。采用本章提出的新型阈值函数处理后，实验结果表明，新型阈值函数去噪后比软、硬阈值函数去噪后具有更大的 SNR 值和更小的 MSE 值，去噪效果更优。进一步将新阈值函数用于电压中断和谐波扰动的去噪中，实验结果表明，新型阈值函数在电能质量信号的检测中去噪效果理想，并且有效保留了扰动的突变信息，这为电能质量的后续处理提供了重要参数依据。

第 4 章

小波特性对电能质量信号去噪的影响

4.1 必要性分析

小波变换，以其良好的时频局部化性能成为去噪方面强有力的工具，以其低熵性、多分辨率特性和去相关性而广泛用于电能质量扰动信号的检测中。小波阈值去噪是小波变换在信号处理领域的重要应用，选择什么小波去分解和重构信号会对去噪效果有着重要影响，若选择不当则会直接导致去噪失败。

传统傅里叶变换的母函数是唯一确定的，为正弦和余弦函数。然而，小波变换却没有固定的母函数，小波母函数的选择具有多样性。目前并没有一个公认的原则用来选择小波母函数，常采用定性分析并结合实验比较的方法来确定。在进行电能质量信号去噪时，各小波所具有的不同特性会使得去噪效果大不一样，但目前却未见文献介绍这方面深入的研究。不同文献介绍的研究选择了不同的小波，如有的选择了 db 小波进行实验，有的采用了 sym 和 coif 小波，有的选择了 rbio3. 1 小波，但都没有详细说明具体的小波选取原则，也并没有深入探索不同小波所具有的不同特性对去噪结果的影响。针对这一问题，本章在提出一种新的阈值函数和修正阈值的基础上，研究了小波的正交性、消失矩阶数、支撑长度等特性对去噪效果的影响，提出了电能信号去噪中小波选取的四条原则。

4.2 小波特性及去噪中小波选取原则

4.2.1 小波特性分析

1. 正交性

在小波分析中，讨论比较多的是平移的系统。

设 $\varphi(x)\in L^2(\mathbf{R})$，若函数系 $\{\varphi(x-k)\}_{k\in\mathbf{Z}}$ 满足下式，则称函数系 $\{\varphi(x-k)\}_{k\in\mathbf{Z}}$ 为规范正交系：

$$<\varphi(x-k),\varphi(x-l)>=\begin{cases}1 & k=l\\ 0 & k\neq l\end{cases} \tag{4-1}$$

正交性反映了小波函数抗干扰的能力，当采用正交小波进行变换时，既能保证变换前后总能量不变，又可以避免信息的丢失。正交性有利于精确重构小波系数。

设 $\Psi(t)$ 满足容许条件，如果其二进伸缩和平移得到的小波基函数，即

$$\Psi_{m,k}(t)=2^{-\frac{m}{2}}\Psi(2^{-m}-k) \qquad m,k\in\mathbf{Z} \tag{4-2}$$

那么，其构成了 $L^2(\mathbf{R})$ 的规范正交基，则称 $\Psi(t)$ 为正交小波，称 $\Psi_{m,k}(t)$ 为正交小波基函数，相应的离散小波变换为正交小波变换。正交小波变换能够将信号的大部分能量集中在低频部分，而将很少比例的能量留在高频，从而体现了能量集中的特性。正交小波变换在变换

前后总能量是守恒的，故正交性反映了小波函数的抗干扰性能。

2. 消失矩阶数

假设信号 $f(t)$ 为一个 $p-1$ 阶多项式 $f(t)=\sum_{k=0}^{p-1} a_k t^k$，再假设小波 $\psi(t)$ 有 p 阶消失矩，由消失矩的定义知 $<f(t),\psi(t)>=0$，即 $f(t)$ 的小波变换恒为零。若 $f(t)$ 可以写成高阶多项式，如 n 阶（$n>p$），那么其中阶次小于 p 的多项式部分（对应低频）在小波变换中的贡献恒为 0，反映在小波变换中只是阶次大于 p 的多项式部分（对应高频），这就有利于突出信号中的高频成分即信号中的突变点。从这个角度讲，希望 $\psi(t)$ 能够具有尽量高的消失矩。一般说来，有 n 阶消失矩性质的小波对应的滤波器长度不能少于 $2n$。

具有 n 阶消失矩的直观理解就是，使常数函数与线性函数在 $n-1$ 次小波变换后细节函数都变成零。消失矩的大小，既反映了小波对多项式抑制能力的强弱，又反映了小波变换后能量的集中程度。当消失矩大到一定程度时，精细尺度下的高频部分除奇异点外的数值大多数小到忽略不计的程度。因此，用消失矩越大的小波分解信号，分解后的信号能量越集中，这样越有利于滤除幅值小的噪声小波系数。但是，随着消失矩阶数增加，相应的计算量也会增加，故实际中需要综合考量。

从数值分析角度来说，高消失矩可以使计算的矩阵更稀疏；从信号检测观测角度来说，要有效检测出奇异点，小波的消失矩也要有一定的阶数。但是，也不是阶数越高越好，消失矩阶数与紧支撑区间有关，阶数越高，支撑区间越大，计算量会相应增加。另外，消失矩阵阶数太高，分析突变信号时会使分析结果模糊。

3. 支撑长度

设函数 $f(t)\in L^2(-\infty,+\infty)$，称集合 $\mathrm{suppf}=\overline{\{t\,|f(t)\neq 0\}}$ 为 $f(t)$ 的支撑。如果 suppf 是紧集，此处为有界闭集，则称函数 $f(t)$ 具有紧支撑。当时间或频率趋近于无穷大时，支撑长度表征了小波函数和尺度函数从有限值收敛到零的速度。若在［a,b］外小波函数 $\psi(t)$ 取值恒为零，则认为函数 $\psi(t)$ 在［a,b］上是紧支的，此时对应的小波称为紧支撑小波，区间［a,b］就是支集的长度。为了在信号的离散小波分解过程中，能够提供系数有限的更实际的有限冲激响应滤波器，通常希望小波函数在时域是快速衰减的，在频域是紧支的。

紧支的小波避免了滤波过程中的人为截断，进而避免了截断所带来的误差，提高了应用的精度。一般说来，一个函数的支集长度与其消失矩阶数是独立的。但对于正交小波来说，具有 K 阶消失矩意味着其支集长度至少是 $2K-1$。所以在选择正交小波时，必须在支集长度和消失矩阶数之间进行折中。

4. 对称性

设函数 $f(t)\in L^2(\mathbf{R})$，如果满足 $f(a+t)=f(a-t)$，则称 $f(t)$ 具有对称性。如果满足 $f(a+t)=-f(a-t)$，则称 $f(t)$ 具有反对称性。

信号的相位信息主要由对称性来描述刻画。对于紧支小波函数来说，其线性相位性可以等同于小波的对称性。即，小波的对称性越好，则将具有更好的线性相位性。

5. 正则性

对函数 f，若有下式成立，则称 f 在 x_0 具有局部利普希茨（Lipschitz）指数 α：

$$|f(x)-f(x_0)|\leqslant C\,|x-x_0|^{\alpha}\qquad x\in(x_0-\delta,x_0+\delta)\,(C、\alpha>0\text{ 为常数})\tag{4-3}$$

如果 g 在 x_0 具有局部利普希茨指数 β，而 $\beta>\alpha$，则 g 比 f 在 x_0 具有较高的局部正则性。函数的正则性，即指函数的光滑性，正则性越高的函数越光滑。如果 $\psi(t)$ 的正则性高，则近似计算的稳定性好，否则，几乎到处会出现近似计算不稳定的问题。从另一个角度看，信号的正则性描述的是信号的可微程度。如果信号在某一点或在某一区间是可微的，那么称信号在该点或在该区间是正则的，反之就是奇异的。

4.2.2 电能信号去噪的小波选取原则

基于以上对小波特性的分析，电能信号去噪的小波选取应遵循如下原则：

1. 具有正交性

正交性描述了数据小波表示的冗余程度，如果小波能够保证正交性，则得到的时间-尺度平面上的系数是互不相关的。利用正交小波函数处理信号，能够减少误差，避免信号能量和特征的丢失。正交性可以保证分解过程中没有冗余，在基函数平移过程中，没有信息交叠，有利于精确重构小波系数。

2. 较长的支撑长度

紧支的小波避免了滤波过程中的人为截断，进而避免了截断所带来的误差，提高了应用的精度。若对频域信号进行局部分析，则支撑长度越长越合适；若对时域信号进行局部分析，则支撑长度越短越合适；电能质量信号的去噪，对时域要求不高而更关注频域的信息，故应该选择具有较长支撑长度的小波函数。

3. 较高的正则性

正则性越高，小波越能快速收敛，频域的局部性也就越好。在某种程度上，小波函数的正则性会影响小波系数重构的稳定性，一定的正则性可以保证获得更好的小波重构信号。

4. 较高的消失矩阶数

消失矩阶数，反映了小波函数对多项式的抑制能力，反映了小波变换后能量的集中程度，也反映了小波逼近光滑函数的收敛率。消失矩阶数越高，则小波变换后的能量主要集中在低频部分，小波分解后信号的能量也越集中，因此在检测高阶导数不连续的信号时局部化能力得以提升。消失矩阶数越高，则对于信号突变奇异点的检测能力越强，高消失矩可以使计算的矩阵更稀疏。

5. 对对称性要求不高

对称性可以保证小波的滤波特性具有线性相位，去噪对线性相位无过高要求。

4.3 db5、haar、bior2.2、rbio3.1 四种小波去噪性能对比

4.3.1 新阈值函数的提出

阈值函数将直接影响重构信号的平滑性和高频信息，针对硬阈值函数在阈值处连续性不好从而会产生一些间断点，而软阈值函数又会造成高频信息损失的不足，本节提出了一种新的阈值函数，通过调节参数 m 可以改变其软硬特性。其数学表达式如下：

$$y=\begin{cases}\operatorname{sign}(x)\left[|x|+\dfrac{T}{\exp\left(\dfrac{\sqrt{|x|+T}}{m}\right)}-T\right] & |x|\geqslant T\\ 0 & |x|<T\end{cases} \tag{4-4}$$

式中，m 为可调节因子，可取任意正常数。

当 $m\to\infty$时，有

$$\begin{cases}\lim\limits_{m\to\infty} y=\lim\limits_{m\to\infty}\left(x+\dfrac{T}{\exp\left(\dfrac{\sqrt{|x|+T}}{m}\right)}-T\right)=x & x\geqslant T\\ y=0 & -T<x<T\\ \lim\limits_{m\to\infty} y=\lim\limits_{m\to\infty}\left(x-\dfrac{T}{\exp\left(\dfrac{\sqrt{|x|+T}}{m}\right)}+T\right)=x & x\leqslant T\end{cases} \tag{4-5}$$

可见，此时新阈值函数等效为硬阈值函数。

当 $m\to 0$ 时，同样分析可知，新阈值函数将等效为软阈值函数。

由以上分析可见，当 T 为某一常数时，新阈值函数中最后一子项 T 使得其具有硬阈值函数的特征，同时由于$\dfrac{T}{\exp\left(\dfrac{\sqrt{|x|+T}}{m}\right)}$快速衰减，所以新阈值函数也具有软阈值函数的平滑功能，可使得重构信号波形更连续。

当参数 $m\in(0,\ \infty)$，新阈值函数可以同时具有软硬阈值函数的特征。通过调节参数 m 的值，使得新阈值函数可以在软硬阈值函数之间变动，同时具有软硬阈值函数的优点，从而改善去噪效果。新阈值函数示意图如图 4-1 所示，给出了 $m=0.8$、2、5、16 时的阈值函数。当 $m=16$ 时，新阈值函数很接近硬阈值函数，随着 m 逐渐减小，新阈值函数慢慢趋于软阈值函数特征；当 $m=0.8$ 时，新阈值函数已经很接近软阈值函数了。如图 4-1 所示，$m=0.8$、2、5、16 时，新阈值函数分布在软硬阈值函数之间的不同区域，也就反映了四种不同的软硬特性。实际中 m 一般可以取值为 0~30。

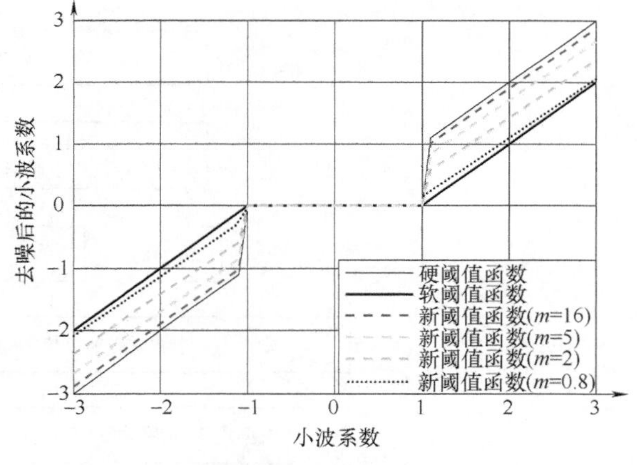

图 4-1　新阈值函数示意图

4.3.2　阈值的选取

阈值选取是否合适将直接影响去噪效果，阈值过大，会滤除有用信息导致失真；阈值过小，会导致噪声滤除不干净。传统的通用阈值，对每个尺度的小波细节系数都是做同样的处理，但恒定不变的阈值无法根据不同信号的特点自适应调节，并不能很好地处理噪声分布的随机性问题。考虑噪声的小波系数随尺度增加而减小，而信号的小波系数随尺度增加而增大，为了使各尺度的阈值能很好地反映不同尺度间的这一传播特性，故引入修正算子 $e^{\left(\frac{j}{2}-1\right)}$ 对阈值进行修正。那么，不同尺度下的阈值为

$$\lambda_j=\frac{\sigma_j\sqrt{2\ln N}}{e^{\left(\frac{j}{2}-1\right)}} \tag{4-6}$$

式中，j 为小波分解尺度；N 为在 j 尺度上的小波细节系数 $cd_{j,k}$ 的总个数；σ_j 为噪声标准差，

计算如下：

$$\sigma_j = \frac{\text{median}(\,|\text{cd}_{j,k}|\,)}{0.6745} \tag{4-7}$$

从式（4-7）可见，当 $j=1$ 时，$e^{\left(\frac{j}{2}-1\right)}<1$，所取阈值 λ_j 增大，有利于第 1 尺度噪声的滤除；当 $j=2$，3，…时，$e^{\left(\frac{j}{2}-1\right)}\geqslant 1$，所取阈值 λ_j 减小，这符合前述的分布规律，修正算子的引入能更好滤除噪声。

去噪算法流程图如图 4-2 所示，ca 为小波分解近似系数，cd 为小波分解细节系数。

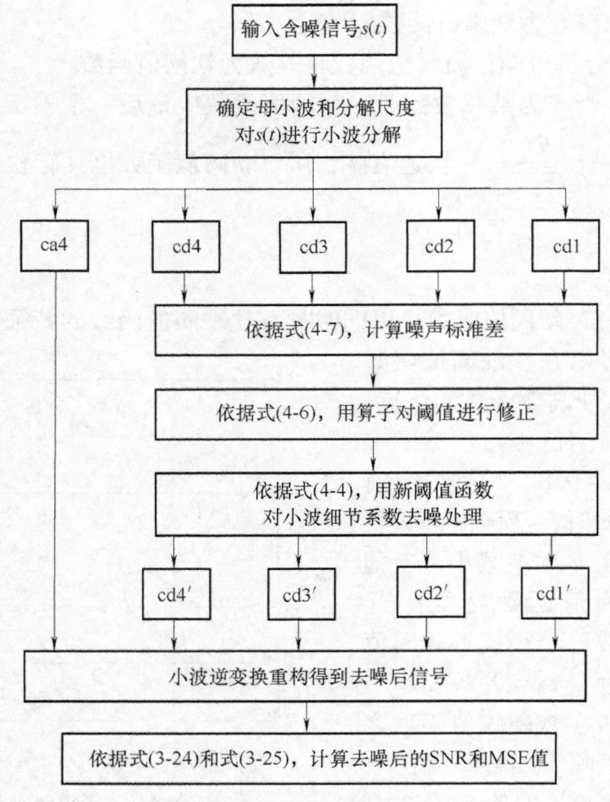

图 4-2　去噪算法流程图

4.3.3　仿真实验——从细节图对比去噪结果

利用小波对信号进行分解时，必须确定合理的分解尺度，对信号的频带进行正确的划分。频带划分不宜过细以防止采样点数过少，也不宜过宽以防止准确性降低。综合考虑后，确定分解到第 4 尺度。依据国际标准 IEEE 1159 电能质量监控标准建立扰动信号，取基准频率为 50Hz。因实际的电能质量数据的采样通常都是 12.8kHz，故本章选取采样频率也为 12.8kHz，即每周波 256 个采样点。仿真时长为 0.3s，共计 3840 个采样点。限于篇幅，下面以一个含有暂升、中断、谐波三种扰动的复合电能质量信号为例，选择有代表性的 db5、haar、bior2.2、rbio3.1 四种小波按照图 4-2 所示的流程进行去噪得到图 4-3 所示的信号。可以初步看出，rbio3.1 小波去噪后波形很不光滑，效果差，为能更清晰地观察其他三种小波的去噪效果，将点 A、B、C 三处（图 4-3 所示的虚线框）的波形进行局部放大，对应的细节如图 4-4 所示；进一步将点 C 细节图中的点 D 局部放大，得到图 4-4 所示的点 D 细节图。

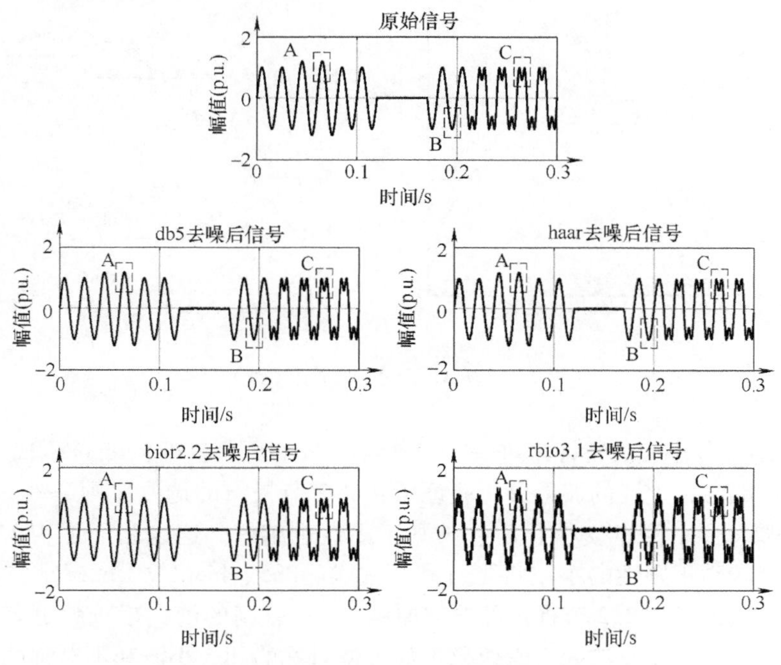

图 4-3　四种小波去噪后的信号

波形分析：从图 4-4 三所示的点 C 细节图可以看到，采用 rbio3. 1 小波去噪后波形与原始信号波形相差甚远，毫无规则且大幅度的偏离原始信号，其去噪效果明显远远差于 db5、haar、bior2. 2 小波。再从图 4-4 所示的点 A、B、D 细节图对比 db5、haar、bior2. 2 三种小波。显然，haar 小波去噪后波形偏离原始波形较大且不光滑；db5 小波去噪后波形几乎与原始波形重合，达到了最好的去噪效果；bior2. 2 小波去噪后波形尽管与原始波形较为接近，但仍然存在偏离较大的位置，如点 A 细节图的［0. 065，0. 0655］、点 B 细节图的［0. 195，0. 1955］、点 D 细节图的［0. 267，0. 268］等区间出现的冒尖点，故 bior2. 2 小波去噪效果差于 db5 但优于 haar 小波。

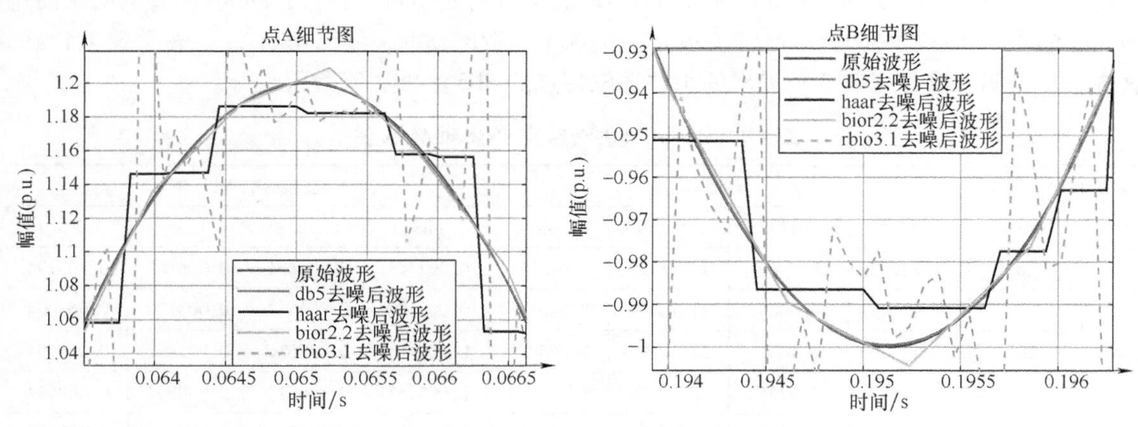

图 4-4　点 ABCD 的细节图

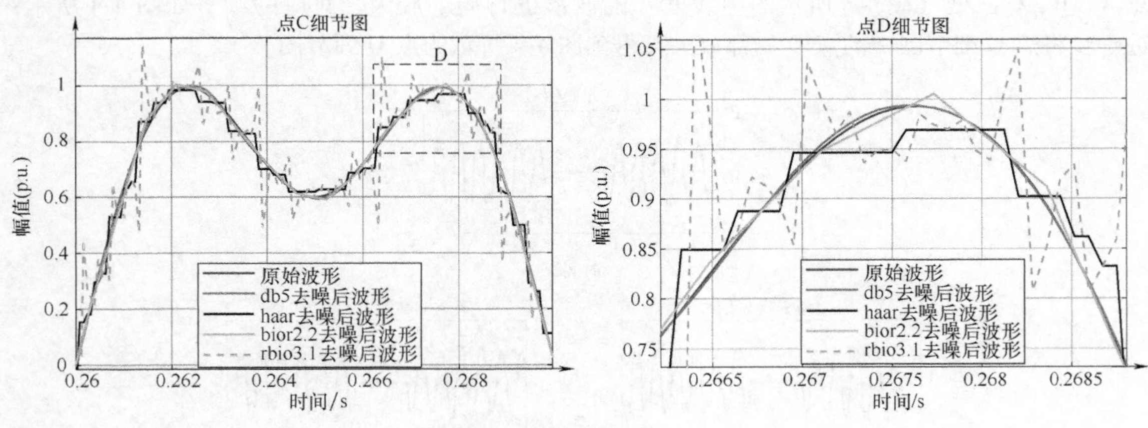

图 4-4 点 ABCD 的细节图（续）

原因分析：结合各小波的特性来进一步分析深层次的原因。db5、bior2. 2、haar 小波的支撑长度分别为 9、6、1，上述的波形分析验证了 4. 2. 2 节提出的选取原则 2——较长的支撑长度具有更好的去噪效果。通常支撑长度越长则正则性也越好，这也验证了 4. 2. 2 节提出的选取原则 3——选择较高正则性的小波将更有利于去噪。db5、bior2. 2、haar 小波的消失矩阶数分别为 5、1、1，验证了 4. 2. 2 节提出的选取原则 4——较高的消失矩阶数更有利于频域的分析。对称的 haar 和 rbio3. 1 小波的去噪效果不如近似对称的 db5 小波和不对称的 bior2. 2 小波，可见对称性对去噪效果影响不大，这验证了 4. 2. 2 节提出的选取原则 5——去噪中对对称性无特殊要求。另外，bior2. 2 和 rbio3. 1 小波都无正交性，但 bior2. 2 小波消失矩阶数为 1，而 rbio3. 1 无消失矩阶数，前者去噪效果尚可，故可见相比于正交性，消失矩阶数是影响去噪的关键因素。

综上所述，去噪效果 db5 小波优于 bior2. 2，这两者又明显优于 haar、rbio3. 1 小波。

4. 3. 4 仿真实验——从 SNR 和 MSE 指标对比去噪结果

建立电压暂降、中断、振荡、谐波四种扰动模型，利用 db5、bior2. 2、haar、rbio3. 1 四种小波按照图 4-2 所示流程进行去噪后得到 SNR 和 MSE 值（见表 4-1）。可见，无论输入信噪比为何值，无论是哪种扰动类型，去噪后的 SNR 值从高到低排列、去噪后的 MSE 值从低到高排列对应的小波依次为 db5、bior2. 2、haar、rbio3. 1。SNR 越大，MSE 越小，则去噪效果越好。这进一步证明了满足 4. 2. 2 节提出的小波选取特点的 db5 小波去噪效果最好。

表 4-1 四种小波去噪后的 SNR 和 MSE 值

扰动类型	输入信号 SNR/dB	去噪后的 SNR 值				去噪后的 MSE 值			
		db5	bior2. 2	haar	rbio3. 1	db5	bior2. 2	haar	rbio3. 1
暂降	10	20. 81093	19. 32001	18. 28721	6. 045015	0. 003453	0. 004861	0. 006165	0. 103194
	15	25. 66775	24. 40897	21. 16870	8. 242148	0. 001130	0. 001513	0. 003170	0. 063004
	20	29. 57173	28. 14316	24. 12974	13. 26733	0. 000458	0. 000636	0. 001602	0. 019551
	25	34. 27981	32. 92552	27. 13339	16. 81537	0. 000155	0. 000212	0. 000804	0. 008634
	30	38. 91411	37. 15901	29. 61895	22. 01128	0. 000053	0. 000080	0. 000453	0. 002974

（续）

扰动类型	输入信号 SNR/dB	去噪后的 SNR 值				去噪后的 MSE 值			
		db5	bior2.2	haar	rbio3.1	db5	bior2.2	haar	rbio3.1
中断	10	20.87985	19.34581	18.56472	7.152287	0.002188	0.003108	0.003719	0.051456
	15	25.68180	23.99337	21.90732	11.07514	0.000721	0.001065	0.001721	0.020855
	20	30.36803	28.51016	25.03972	14.82453	0.000246	0.000376	0.000837	0.008798
	25	34.93540	33.07474	28.27073	19.16116	0.000086	0.000132	0.000397	0.003242
	30	39.74229	37.57609	30.41347	23.78782	0.000028	0.000047	0.000243	0.001116
振荡	10	20.32425	19.07701	17.52104	4.849682	0.004687	0.006249	0.008940	0.165937
	15	24.08945	22.96239	20.11221	8.156687	0.001971	0.002556	0.004921	0.077255
	20	27.97899	26.17593	22.82756	14.82917	0.000805	0.001218	0.002633	0.016605
	25	31.36971	30.33783	25.57955	18.65126	0.000368	0.000469	0.001398	0.006889
	30	34.35895	33.53321	28.23087	23.48253	0.000185	0.000224	0.000759	0.002272
谐波	10	21.05060	19.44074	17.53075	5.572333	0.004567	0.006614	0.010256	0.161336
	15	25.69198	24.04674	20.25787	9.138793	0.001565	0.002286	0.005473	0.070807
	20	30.33924	28.28383	23.20611	12.71603	0.000538	0.000864	0.002774	0.031061
	25	35.13424	32.69884	25.78271	17.06845	0.000178	0.000312	0.001532	0.011397
	30	38.81819	36.38908	28.51086	20.79241	0.000076	0.000133	0.000819	0.004843

当输入 SNR = 18dB 时，针对电压暂降、中断、振荡、谐波四种扰动情况，利用 db5 小波进行去噪，波形如图 4-5 所示，可见 db5 小波去噪后的波形光滑，选用 db5 小波达到了较好的去噪效果。

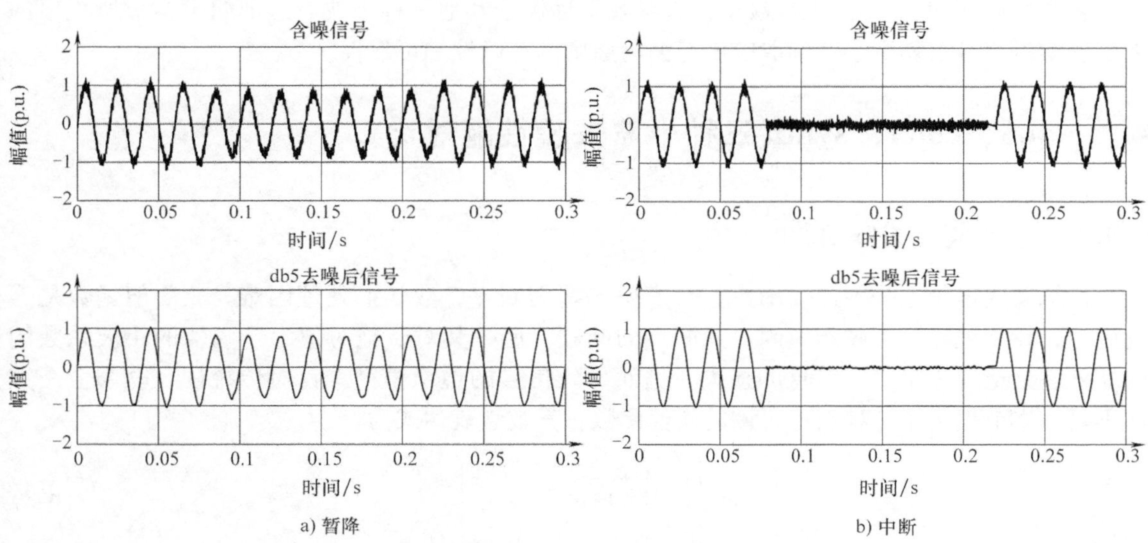

图 4-5　含噪信号和 db5 小波去噪后的信号

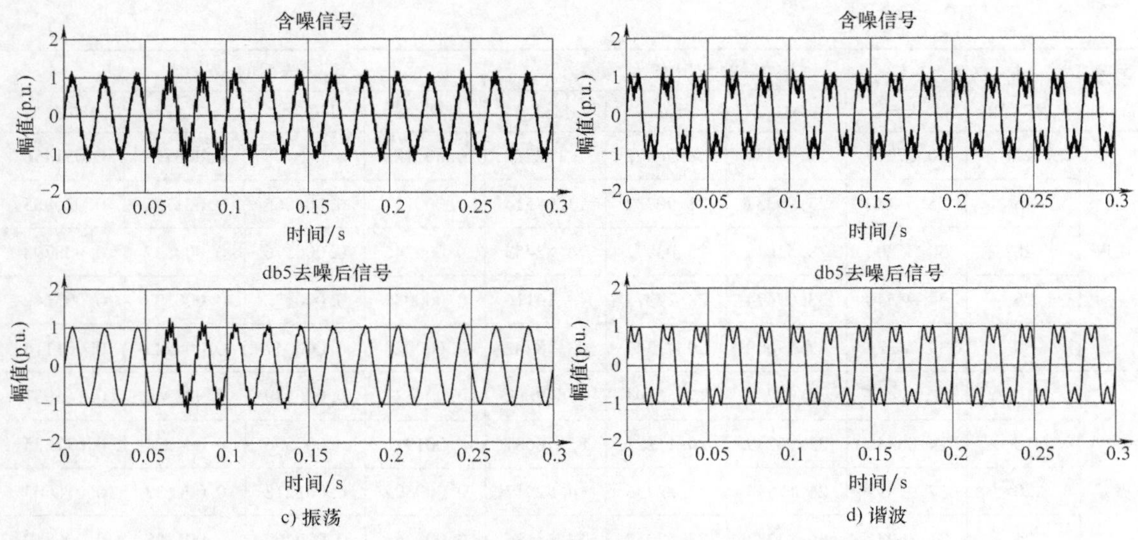

图 4-5 含噪信号和 db5 小波去噪后的信号（续）

4.3.5 小结

本节提出的可调阈值函数克服了硬阈值函数的不连续性和软阈值函数高频信息损失的不足，阈值修正算子的引入更好地反映了信号和噪声小波系数在不同尺度间的传播特性。本节对小波的特性进行了深入研究，进而提出了在电能质量信号去噪中小波选取应满足的特点，即应该选择具有较长支撑长度、较高正则性和消失矩阶数的正交小波，而对小波的对称性没有特殊要求。针对电压暂降、中断、振荡、谐波扰动，本节选择 db5、haar、bior2.2、rbio3.1 四种小波对扰动信号进行四尺度分解，计算噪声标准差的基础上进一步引入算子修正阈值，利用提出的新阈值函数对小波细节系数进行去噪处理，分析小波逆变换重构信号的细节，并计算出去噪后的信噪比和均方误差。实验结果表明，db5 小波去噪后波形几乎与原始波形重合，且去噪后 SNR 最大、MSE 最小，去噪效果远优于其他三种小波。这证明了本节所提出的在电能质量信号去噪中小波选取应该遵循的原则的正确性和可靠性。

4.4 db5、coif1、sym2 三种小波去噪性能对比

4.4.1 小波阈值去噪算法

传统硬阈值函数是不连续函数，会产生一些间断点，数学上处理困难。软阈值函数是连续函数，较好地克服了硬阈值函数间断点的问题，但是其对于绝对值大于阈值的小波系数的收缩处理会造成一定高频信息的损失，进而导致信号的边缘模糊。针对传统硬、软阈值函数的不足，本节提出了一种新型可调的阈值函数，其数学表达式为

$$y=\begin{cases} x-\dfrac{nT}{2}+\dfrac{nT}{1+\mathrm{e}^{3x}} & |x|\geqslant T \\ 0 & |x|<T \end{cases} \tag{4-8}$$

式中，n 为可调参数，取值范围是 $n\in[0,2]$。当 $n=0$ 时，新阈值函数等同于硬阈值函数；当

$n=2$ 时，新阈值函数等同于软阈值函数。通过控制参数 n，新阈值函数可以具有多种不同的软、硬特性。

传统通用阈值 $\sigma_j\sqrt{2\ln N}$ 在每个小波分解尺度上是固定的，这并不能很好地反映噪声和信号小波系数在不同尺度之间的不同传播特性，为此引入算子 $\mathrm{e}^{\left(\frac{j}{3}-1\right)}$ 对阈值进行改进，即

$$\lambda_j=\sigma_j\sqrt{2\ln N}/\mathrm{e}^{\left(\frac{j}{3}-1\right)} \tag{4-9}$$

式中，N 为 j 尺度上的小波细节系数的总数目；j 为小波分解尺度；σ_j 为噪声标准差，其计算式如下：

$$\sigma_j=\frac{\mathrm{median}(\,|\mathrm{cd}_{j,k}|\,)}{0.6745} \tag{4-10}$$

式中，$\mathrm{cd}_{j,k}$ 为小波分解后 j 尺度上的第 k 个小波细节系数值；median( ) 为中值函数。

4.4.2　db5、coif1、sym2 三种小波特性

在目前可以用的诸多小波中，gaus、dmey、rbio、cgau、cmor、fbsp、shan 等小波不具有紧支撑正交性，biorthogonal、morlet、mexican hat 无正交性，meyer 无紧支撑性，所以不考虑这些小波。db、coiflets、symlets 是具有紧支撑的正交小波，限于篇幅，这里选取有代表性的三种小波 db5、coif1、sym2 来进行去噪实验。三者的基本特性见表 4-2。

表 4-2　db5、coif1、sym2 小波基本特性

小波	正交性	消失矩阶数	支撑长度	对称性
db5	有	5	9	近似对称
coif1	有	2	5	近似对称
sym2	有	2	3	近似对称

Mallat 算法是正交小波的快速算法，小波阈值去噪正是基于 Mallat 快速算法实现的。Mallat 快速算法，是将原始信号通过一个低通滤波器和一个高通滤波器所组成的滤波器组 $\{h(n),g(n)\}$ 进行滤波的过程。信号通过滤波器组后，被分解成低频成分和高频成分，分解结果分别反映了信号的概貌和细节特征。要对信号做更精细的观测，则再将低频成分按照同样方法进行分解，直至所需要的分解尺度。Mallat 算法中尺度函数 $\phi(t)$ 对应一个低通滤波器 $h(n)$，小波函数 $\psi(t)$ 对应一个高通滤波器 $g(n)$。db5、coif1、sym2 小波的尺度函数和小波函数如图 4-6 所示。

4.4.3　从细节图对比去噪效果实验

选取采样频率也为 12.8kHz，即每周波 256 个采样点，仿真时长为 0.2s，共计 2560 个采样点。限于篇幅，下面仅以暂降和谐波两种电能质量信号为例，选择 db5、coif1、sym2 三种小波分解到第四尺度，阈值和阈值函数遵循 4.4.1 节的选取方法。可以看到，图 4-7b～d 所示的经 db5、coif1、sym2 三种小波去噪后的波形都较图 4-7a 所示的光滑很多，而图 4-7c、d 所示的相比图 4-7b 所示的还有一些小毛刺。为了能更清晰地观察三种小波的去噪效果，将图 4-7 所示虚线框部分的波形放大，对应的细节放大图如图 4-8 所示。可以看到，采用 coif1 和 sym2 小波去噪后波形与原始信号波形相差甚远，毫无规则且大幅度地偏离原始信号，db5 小波去噪

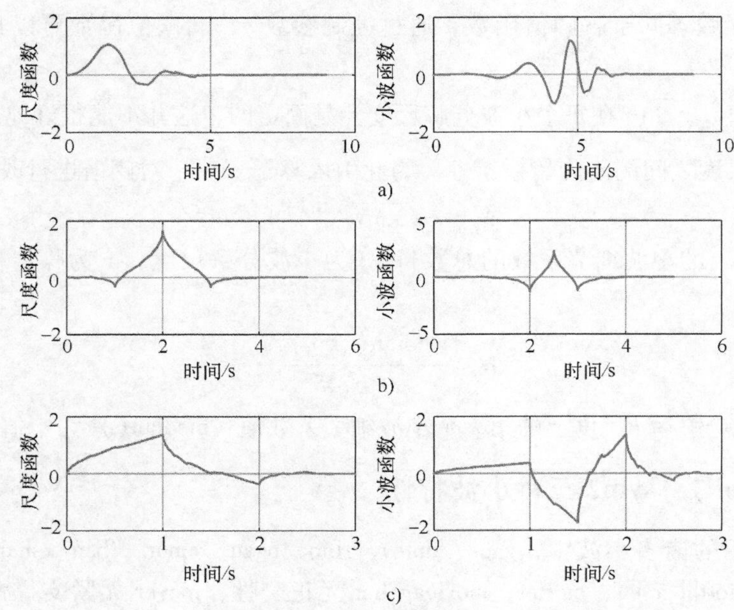

图 4-6　db5、coif1、sym2 小波的尺度函数和小波函数

a）db5 的尺度函数和小波函数　b）coif1 的尺度函数和小波函数　c）sym2 的尺度函数和小波函数

后波形几乎与原始波形重合，达到了最好的去噪效果。图 4-9 所示为针对谐波的去噪结果，图 4-9b～d 所示的经三种小波去噪后的波形都较图 4-9a 所示的要更为光滑，与之对应的细节放大图（见图 4-10）也清晰地展示了 db5 小波去噪后的波形与原始波形最为接近，而 coif1 和 sym2 小波去噪后波形却存在较大偏离。故 coif1 和 sym2 小波去噪效果远远差于 db5 小波。

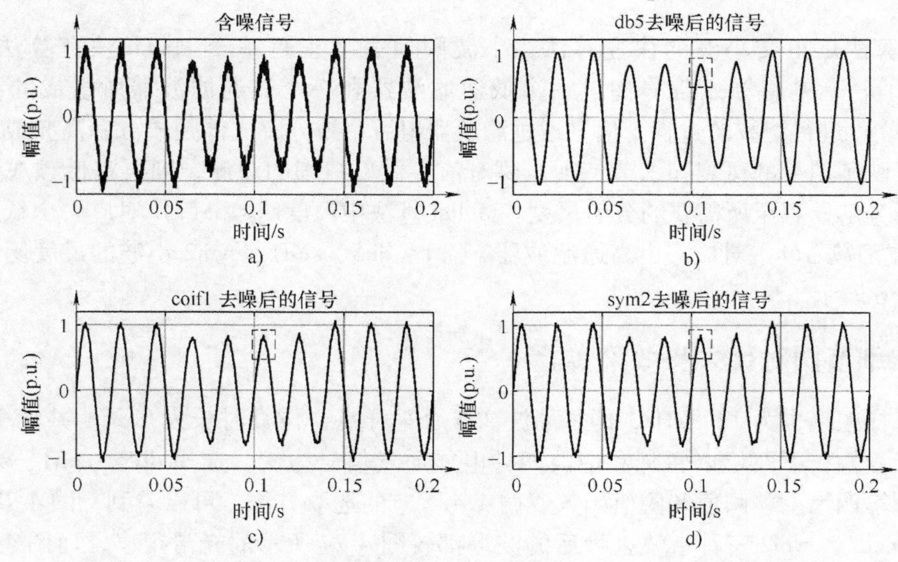

图 4-7　电压暂降含噪信号和 db5、coif1、sym2 小波去噪后的信号

a）电压暂降含噪信号　b）db5 去噪后的信号

c）coif1 去噪后的信号　d）sym2 去噪后的信号

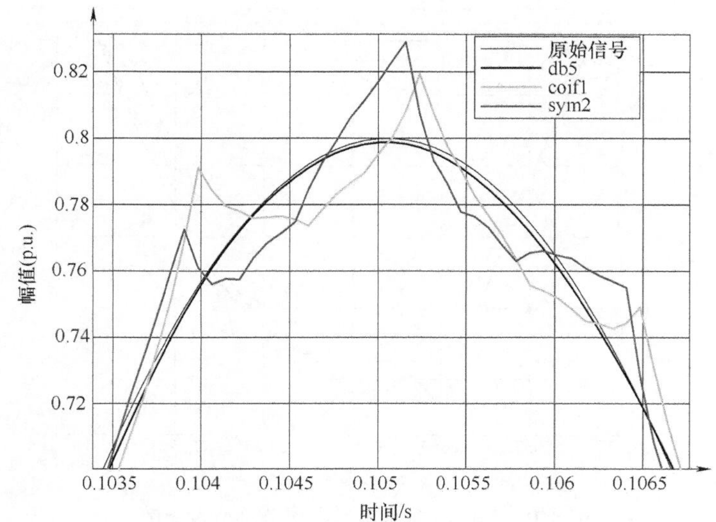

图 4-8　图 4-7 所示虚线框部分细节放大图

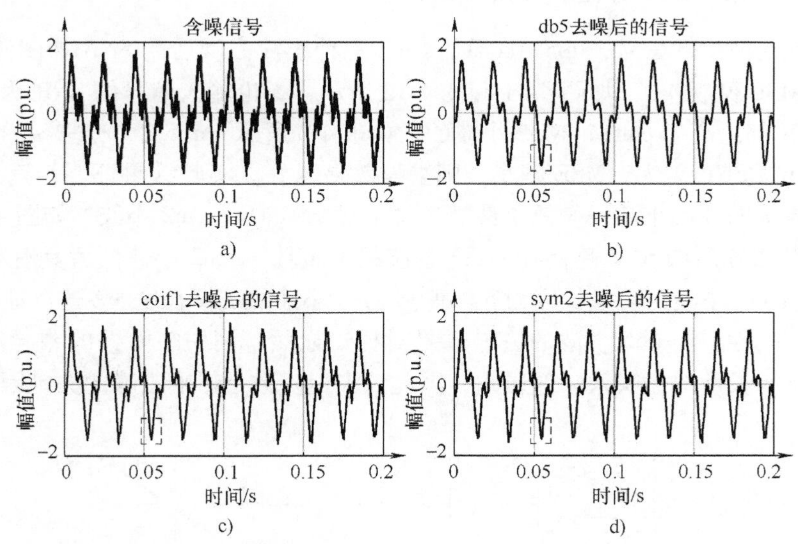

图 4-9　谐波含噪信号和 db5、coif1、sym2 小波去噪后的信号

a）谐波含噪信号　b）db5 去噪后的信号

c）coif1 去噪后的信号　d）sym2 去噪后的信号

下面结合各小波的特性来进一步分析深层次的原因。db5、coif1、sym2 的消失矩阶数分别为 5、2、2，实验结果证明了 4.2.2 节提出的选取原则 4——较高的消失矩阶数更有利于频域的去噪分析。db5、coif1、sym2 的支撑长度分别为 9、5、3，上述的波形分析验证了 4.2.2 节提出的选取原则 2——较长的小波支撑长度具有更好的去噪效果。近似对称的 db5 小波去噪后波形偏离原始波形极小，可见对称性对去噪效果影响不大，这验证了 4.2.2 节提出的选取原则 5——去噪中对对称性无特殊要求。

综上所述，db5 小波的去噪效果远远优于 coif1、sym2 小波。

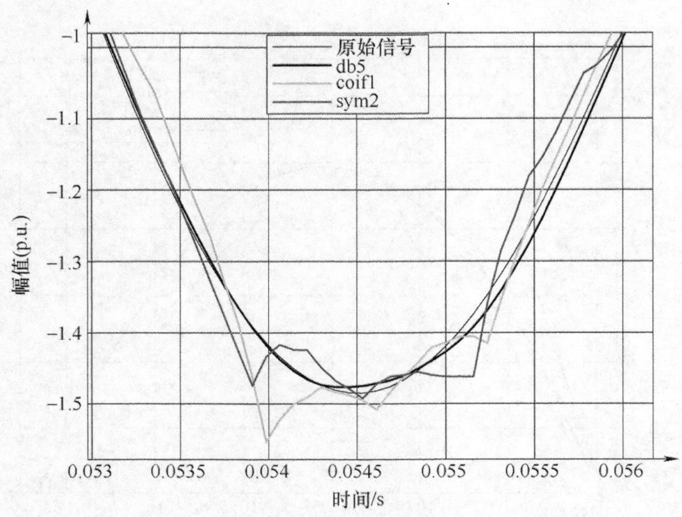

图 4-10　图 4-9 所示虚线框部分细节放大图

4.4.4　从 SNR 和 MSE 对比去噪效果实验

针对暂降和谐波扰动信号，db5、coif1、sym2 三种小波去噪后的 SNR 如图 4-11 和图 4-12 所示，相应的 MSE 见表 4-3。如图 4-11 和图 4-12 所示，无论输入信号的 SNR 为何值，db5 小波去噪后的 SNR 都远高于 coif1、sym2 小波的。如表 4-3 所示，db5 小波去噪后的 MSE 均低于 coif1、sym2 小波。SNR 越大，MSE 越小，则去噪效果越好。实验结果证明，满足 4.2.2 节提出的小波选取原则的 db5 小波去噪效果最好。再来对比 coif1、sym2 小波，如图 4-11 和图 4-12 所示，coif1 小波去噪后的 SNR 略高于 sym2 小波的；coif1、sym2 小波两者具有相同的消失矩阶数，均为 2；coif1 小波的支撑长度为 5，高于 sym2 小波的支撑长度 3。这也证明了 4.2.2 节选取原则 2 的正确性。与 db5 小波的去噪效果对比，显然，消失矩阶数的差异对去噪效果的影响远远大于支撑长度对去噪效果的影响，因此消失矩阶数是影响去噪的关键因素。

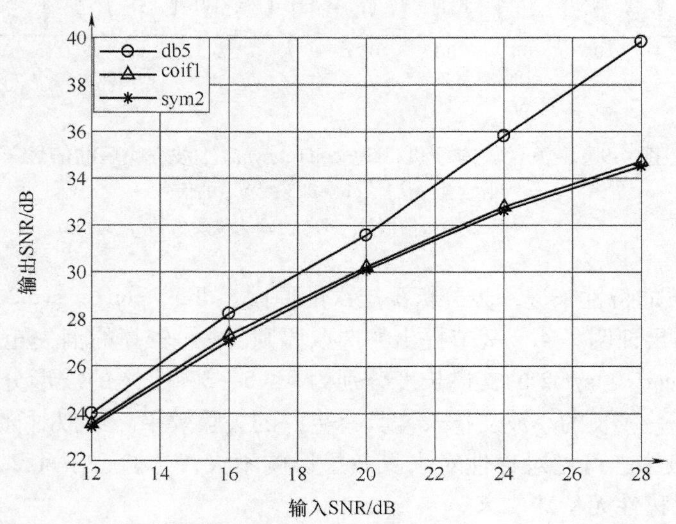

图 4-11　电压暂降情况下 db5、coif1、sym2 三种小波去噪后 SNR

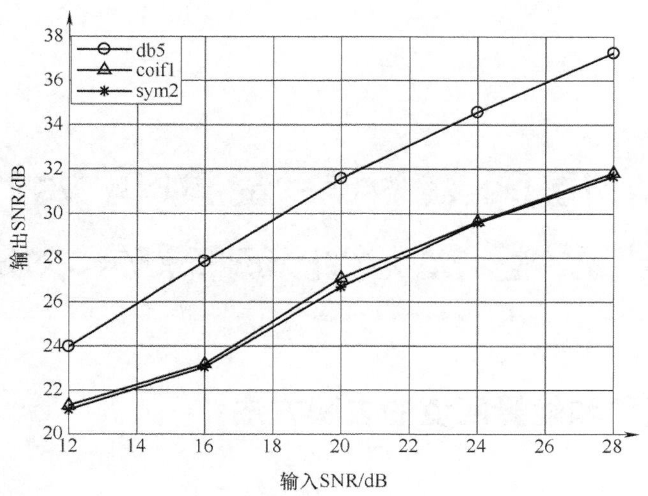

图 4-12　谐波情况下 db5、coif1、sym2 三种小波去噪后 SNR

表 4-3　db5、coif1、sym2 三种小波去噪后的 MSE

扰动类型	输入信号 SNR/dB	去噪后的 MSE			扰动类型	输入信号 SNR/dB	去噪后的 MSE		
		db5	coif1	sym2			db5	coif1	sym2
暂降	12	0.00171475	0.001898023	0.001951	谐波	12	0.00250137	0.004628429	0.004851
	16	0.00064525	0.00079642	0.000841		16	0.001025	0.002998667	0.003102
	20	0.00030186	0.00040891	0.000421		20	0.00043607	0.001229441	0.001347
	24	0.0001123	0.000225168	0.000234		24	0.00021847	0.000680145	0.000688
	28	0.000044772	0.000144296	0.000151		28	0.00011751	0.00041114	0.000426

4.4.5　小结

本节首先引入算子对各尺度阈值进行修正，以更好地反映信号和噪声小波系数随尺度的变化特征；接着提出了可控阈值函数以适应各种不同的软硬特性，并用其对小波系数进行去噪处理；建立电压暂降和谐波模型，选择 db5、coif1、sym2 三种小波分解到第四尺度进行去噪处理，计算出去噪后的信噪比和均方误差，并对比重构信号的细节特征。实验结果表明，消失矩阶数高、支撑长度长的正交小波 db5 较 coif1、sym2 小波去噪效果更好，db5 小波去噪后波形几乎与原始波形重合，且去噪后 SNR 最大、MSE 最小，去噪效果远优于 coif1、sym2 小波，这证明了 4.2.2 节所提小波选取原则的正确性和可靠性。

第 5 章

可调阈值函数和能量阈值优化的电能质量扰动小波去噪方法

5.1 可调阈值函数和能量阈值的去噪方法

5.1.1 可调阈值函数

传统硬阈值函数在阈值处的不连续性会产生一些间断点，从而导致振荡；软阈值函数的过度光滑会导致恒定偏差，从而致使信号失真。本节提出了一种可调的阈值函数，通过对参数 m 的调节可以改变其软、硬特性。其数学表达式如下：

$$y=\begin{cases}\operatorname{sign}(x)\left[|x|+\dfrac{T}{e^{\frac{\sqrt{|x|+T}}{m}}}-T\right] & |x|\geqslant T\\ 0 & |x|<T\end{cases} \tag{5-1}$$

式中，m 为可调节因子，可取任意正常数。

当 $m\to 0$ 时，有

$$\begin{cases}\lim\limits_{m\to 0} y=\lim\limits_{m\to 0}\left(x+\dfrac{T}{e^{\frac{\sqrt{|x|+T}}{m}}}-T\right)=x-T & x\geqslant T\\ y=0 & -T<x<T\\ \lim\limits_{m\to 0} y=\lim\limits_{m\to 0}\left(x-\dfrac{T}{e^{\frac{\sqrt{|x|+T}}{m}}}+T\right)=x+T & x\leqslant T\end{cases} \tag{5-2}$$

这样式（5-2）变成了软阈值函数。当 $m\to\infty$ 时，同样分析可知，新阈值函数将变为硬阈值函数。由以上分析可见，式（5-1）中因子 $\dfrac{T}{e^{\frac{\sqrt{|x|+T}}{m}}}$ 的快速衰减，使得新阈值函数具有软阈值函数的平滑功能，通过调节参数 m，可以控制其衰减的程度。当式（5-1）中的子项 T 为某一常数时，又保证了其具有硬阈值函数的特征。

参数 $m\in(0,\infty)$，改变 m 的取值，新阈值函数可以在硬、软阈值函数之间变动，兼具两者优点，改善去噪效果。图 5-1 所示是新阈值函数示意图。当 $m=15$ 时，新阈值函数很接近硬阈值函数。随着 m 值的逐渐减小，新阈值函数慢慢趋向于软阈值函数特征。当 $m=1$ 时，新阈值函数已经很接近软阈值函数了。如图 5-1 所示，当 $m=1$、2、4、8、15 时，反映了新阈值函数五种不同的硬、软特性，分别对应着硬、软阈值函数之间的不同区域。实际应用中，m 一般可以在 0~30 取值。

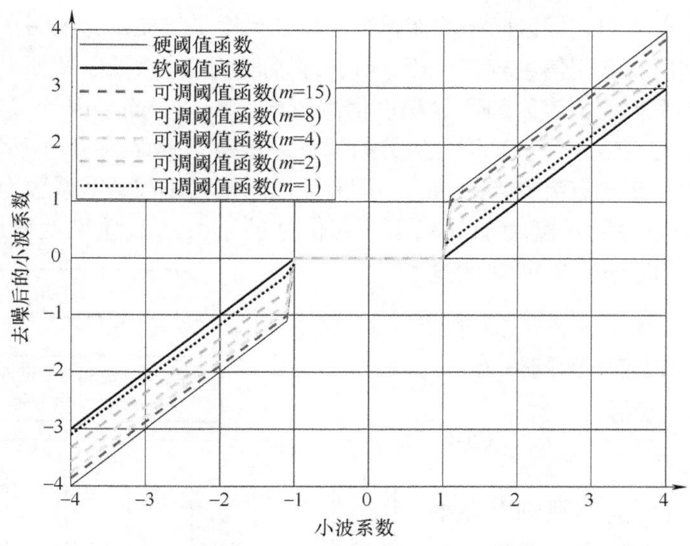

图 5-1　新阈值函数示意图

5.1.2　能量阈值

多诺霍（Donoho）提出了通用阈值的取法，但恒定不变的阈值无法根据不同信号的特点自适应调节，每个尺度的小波细节系数都做同样的处理，并且不能很好地处理噪声分布的随机性问题。本书参考文献［41］提出的方法，是以某一个最大的小波系数去计算峰和比，进而对阈值进行修正。当存在多个突变点或干扰严重时，这种一个最大值的取法就会出现误判。本书参考文献［45］统一用 $\ln(1+j)$ 对各尺度阈值进行修正，并没有很好地考虑不同含噪信号分解后不同小波系数的具体特征。这些参考文献的阈值取法均是全局阈值，即算法是基于各尺度的所有小波系数的，然而有用信息往往都是集中在少数较大的小波系数上，因此为让阈值能更有效地反映这一特征以达到更好的去噪效果，本章提出了一种基于能量的新阈值取法。

首先，定义各尺度的平均能量 s_j 为

$$s_j = \left[\sum_{k=1}^{k=n_j} (\mathrm{cd}_{j,k})^2\right] / n_j \tag{5-3}$$

式中，$\mathrm{cd}_{j,k}$为第 j 层的第 k 个小波系数；n_j 为第 j 层的小波细节系数 $\mathrm{cd}_{j,k}$的总个数。

考虑到小波分解具有“二抽取”性质，尺度越大则小波细节系数个数越少，所以以第一尺度的小波系数总个数 n_1 为基准计算所要划分的区间数目 N，即

$$N = \mathrm{ceil}[\ln(n_1)] \tag{5-4}$$

式中，ceil 函数为计算结果向上取整。

若平均能量越大，则说明相应尺度含有的有效信息远远多于噪声信息，故以平均能量最大的尺度作为特征尺度，在特征尺度上，引入如下能量因子：

$$E = \frac{s_q}{s_j} \tag{5-5}$$

式中，s_q 为各子区间的平均能量，$q=1,2,3,\cdots,N$。

小波分解后，噪声会分布于整个小波域，相对比较均匀，而有用信息则集中在少数较大的

小波系数上。因此，若 $E>1$，即区间平均能量高于特征尺度平均能量，表明在该区间内一定含有较大系数值，该区间所含有用信息较多；若 $E<1$，即区间平均能量低于特征尺度平均能量，表明在该区间内含有较小系数值，该区间所含噪声信息较多。可见，能量因子 E 实际上反映了该尺度上小波细节系数中有用信息和噪声信息的分布情况。确定计算结果 $E>1$ 所对应的区间为有效区间，即有效区间内一定含有突变点的信息，记有效区间内的小波细节系数为 $cd_{j,k(q)}$。

考虑噪声的小波系数随尺度增加而减小，而信号的小波系数随尺度增加而增大，为了使阈值能更好地反映不同分解尺度间的这一传播特性，故引入算子 $e^{\left(\frac{j}{2}-1\right)}$，对阈值进行修正，则不同尺度下的阈值为

$$\lambda_j=\frac{\sigma_j\sqrt{2\ln P}}{e^{\left(\frac{j}{2}-1\right)}} \tag{5-6}$$

式中，P 为有效区间内的小波细节系数 $cd_{j,k(q)}$ 的总个数；σ_j 为噪声标准差，计算如下：

$$\sigma_j=\frac{\text{median}(|cd_{j,k(q)}|)}{0.6745} \tag{5-7}$$

当 $j=1$ 时，$e^{\left(\frac{j}{2}-1\right)}<1$，所取阈值 λ_j 增大，这有利于滤除第一尺度的噪声。

当 $j=2,3,\cdots$ 时，$e^{\left(\frac{j}{2}-1\right)}\geqslant 1$，所取阈值 λ_j 减小，这符合前述的分布规律，修正算子的引入使得阈值自适应尺度的变化，从而更好地滤除噪声。

5.1.3 去噪算法流程图

基于上述分析，本章提出的去噪算法流程图如图 5-2 所示。其中，ca 为小波分解近似系数，cd 为小波分解细节系数。

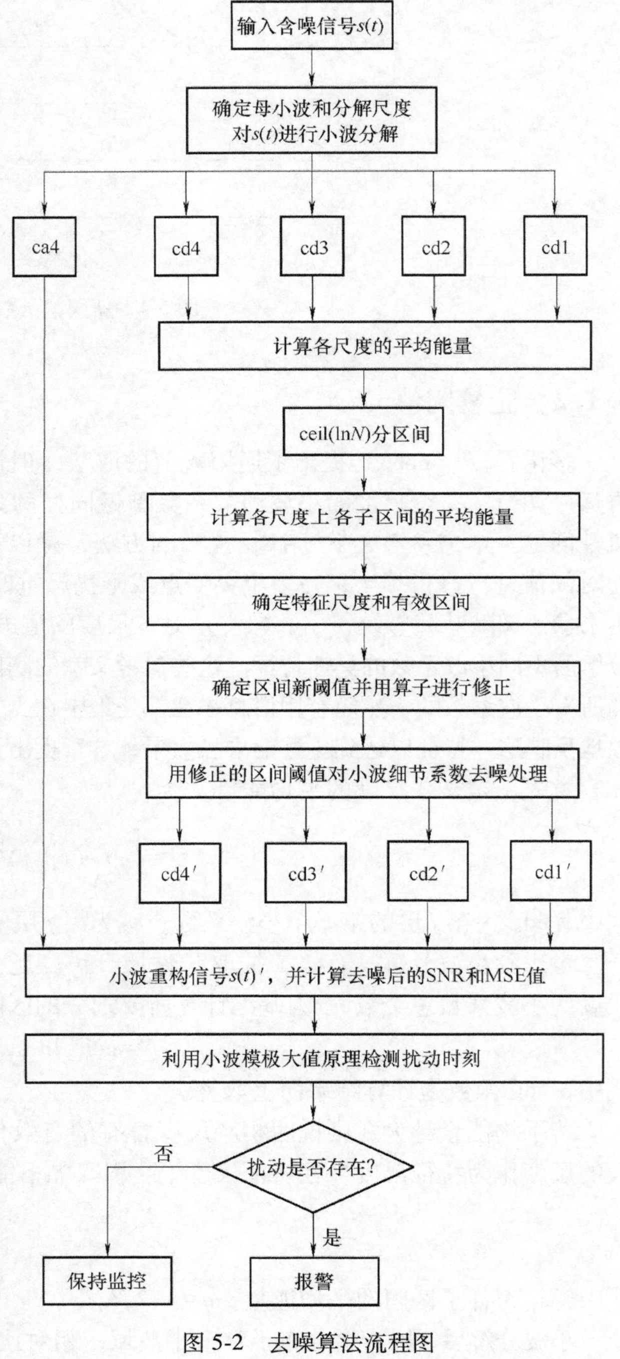

图 5-2　去噪算法流程图

5.2 实验研究

5.2.1 实验条件及关键因素选择

依据国际标准 IEEE 1159 的电能质量监控标准建立扰动信号模型，取基准频率为 50Hz。考虑实际电能信号的数据采样通常是 12.8kHz，故选取的采样频率也为 12.8kHz。仿真时长为 0.17s，共计 2176 个采样点。

小波的选择很灵活，本书参考文献［25，41，45］所述均采用的是 db4 小波分解后去噪，本书参考文献［61］所述采用的是 db6 小波，本书参考文献［62，63］的则均采用 sym8 小波。db 小波以其良好的性能在工程实际中得到了广泛应用。考虑到小波阈值去噪是将原信号变换到频域后进行的，更要关注的是频域信息，而正则性越高，频域的局部性也越好，消失矩阶数越高，奇异性检测效果越好，但也要考虑阶数增加导致的计算量的增加，故综合考虑后，最终选择 db5 小波。

利用小波对信号进行分解时，必须确定合理的分解尺度，对信号的频带进行正确的划分，频带划分不宜过细以防止采样点数过少，也不宜过宽以防止准确性降低，综合考虑后，确定分解到第 4 尺度。

5.2.2　去噪效果对比

由于噪声具有很强的随机性，为保证实验结果的准确性，本章 SNR、MSE 值是同等实验前提下运行 30 次得出的平均值。本书参考文献［41］引入了细节系数的峰和比修正阈值，本书参考文献［46］采用了 heursure 阈值法，本书参考文献［47］采用了 sqtwolog 阈值法，本书参考文献［45］通过 $\ln(j+1)$ 对各层阈值进行修正。本章针对电压中断、电压暂降、谐波、电压中断+谐波四种电能质量扰动信号，分别加入 10、15、20、25、30dB 不同的噪声强度，采用以上四种阈值取法和本章的局部能量阈值取法进行去噪处理。电压中断和电压暂降两种扰动去噪后的 SNR 和 MSE 见表 5-1。为能更清晰显示实验结果，谐波和电压中断+谐波两种扰动去噪后的 SNR 和 MSE 如图 5-3 所示。

如表 5-1 所示，当输入 SNR 为 25、30dB 时，本章方法与 heursure 法去噪效果非常接近，但当输入 SNR 的值较低时，本章的方法优于 heursure 法。无论输入 SNR 多大，本章的方法去噪后 SNR 的值均高于其他四种方法的，MSE 的值均低于其他四种方法的，可见本章的方法去噪效果更好。如图 5-3 所示，本章的方法去噪效果优于其他四种方法；当输入信号信噪比较低时，本章的方法与其他方法去噪后的 SNR 值比较接近，但随着输入信号信噪比的不断增大，本章方法的优势越来越明显。

表 5-1　电压中断和电压暂降两种扰动去噪后的 SNR 和 MSE

扰动	输入 SNR/dB	去噪后的 SNR/dB				
		本章方法	heursure 阈值法	本书参考文献［41］	本书参考文献［45］	sqtwolog 阈值法
电压中断	10	19. 97369	19. 20678	19. 82623	19. 8027	18. 83534
	15	24. 24687	23. 20622	23. 99484	23. 88103	22. 49893
	20	28. 24925	27. 94834	28. 04612	27. 87682	26. 41006
	25	32. 93541	32. 72761	31. 93106	31. 64762	30. 46039
	30	37. 98404	37. 64792	36. 49779	35. 76719	34. 50494
电压暂降	10	21. 3754	20. 9719	21. 1942	21. 1849	20. 8653
	15	25. 1375	24. 6060	25. 1712	25. 1555	24. 2991
	20	29. 4164	28. 5801	29. 1972	29. 1189	27. 7680
	25	33. 3166	33. 0052	33. 1626	32. 9822	31. 4974
	30	38. 0492	37. 6751	36. 8511	36. 5504	35. 1275

（续）

扰动	输入SNR/dB	去噪后的 MSE/（$\times10^{-3}$）				
		本章方法	heursure 阈值法	本书参考文献［41］	本书参考文献［45］	sqtwolog 阈值法
电压中断	10	2. 3790	2. 8380	2. 4620	2. 4760	3. 0890
	15	0. 8870	1. 1310	0. 9400	0. 9650	1. 3270
	20	0. 3540	0. 3790	0. 3710	0. 3860	0. 5410
	25	0. 1210	0. 1270	0. 1520	0. 1620	0. 2130
	30	0. 0378	0. 0406	0. 0528	0. 0625	0. 0836
电压暂降	10	1. 8020	1. 8980	1. 8046	1. 8085	1. 9430
	15	0. 7240	0. 8180	0. 7185	0. 7212	0. 8780
	20	0. 2700	0. 3290	0. 2843	0. 2895	0. 3950
	25	0. 1100	0. 1180	0. 1141	0. 1189	0. 1670
	30	0. 0367	0. 0406	0. 0488	0. 0523	0. 0727

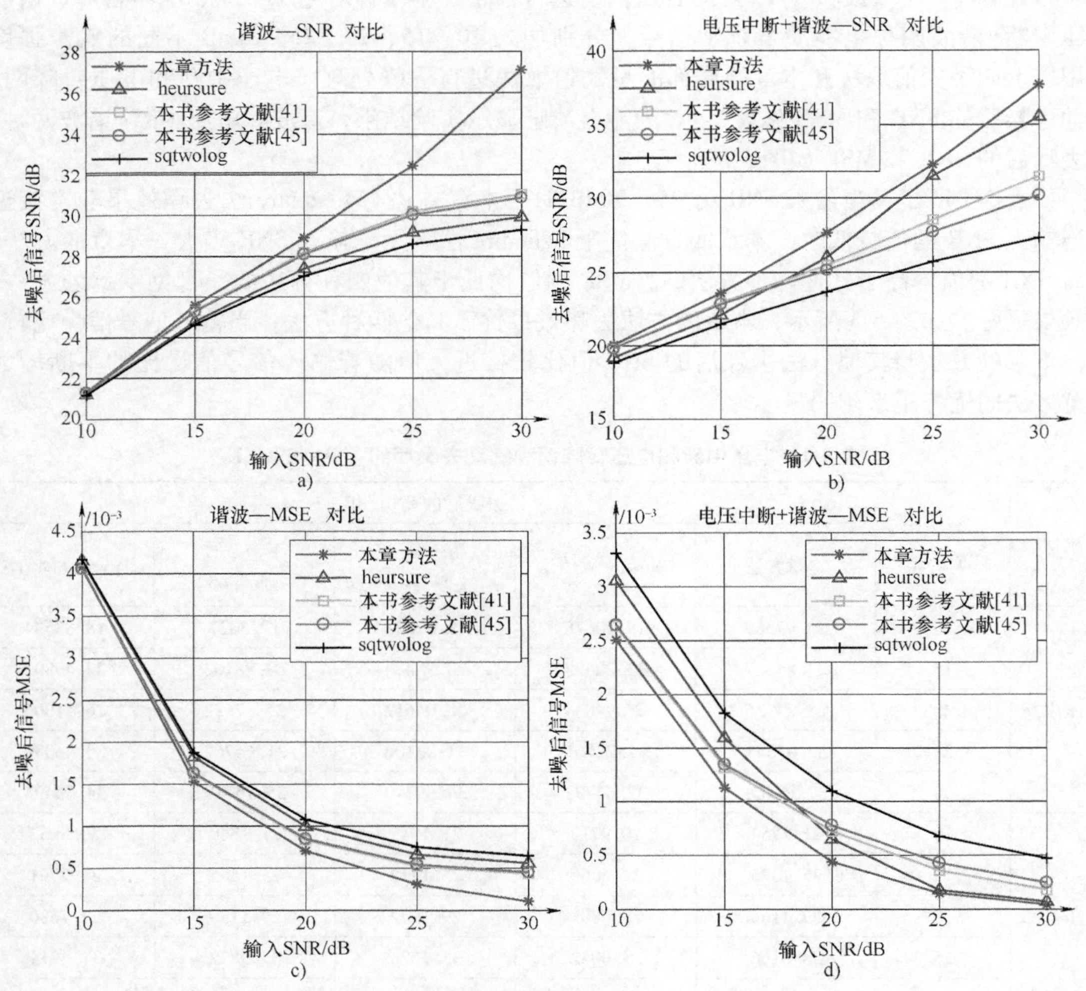

图 5-3 谐波和电压中断+谐波两种扰动去噪后的 SNR 和 MSE

5.3　扰动检测结果及分析

在去噪的同时能否保留信号中的扰动突变信息，是衡量去噪算法很重要的一个方面。本节以四种典型电能质量扰动为例，运用本章的算法去噪后，利用小波模极大值原理进行奇异点检测。

5.3.1　电压中断

在电压中断扰动波形中加入 10dB 噪声，图 5-4 所示的电压中断能量是依据本章算法得到的各尺度、各子区间的平均能量。显然，尺度 4 的平均能量最大，故尺度 4 是特征尺度。在特征尺度 4 上，子区间 2 和子区间 5 的平均能量高于尺度 4 的平均能量，故确定子区间 2 和子区间 5 为有效区间。图 5-5 所示为电压中断含噪信号及其小波分解后尺度 2 的细节系数，显然小波系数杂乱无章，根本无法判断扰动位置。按照本章算法去噪重构后，图 5-6 所示为电压中断去噪信号及其小波分解后尺度 2 的细节系数，显然小波系数有两个模极大值突变点，其所在位置正好表征了电压中断信号的起始和结束时间，定位误差仅为 1 个采样点，相关数据分析见表 5-2。这说明本章方法在去噪的同时也很好地保留了扰动关键信息。

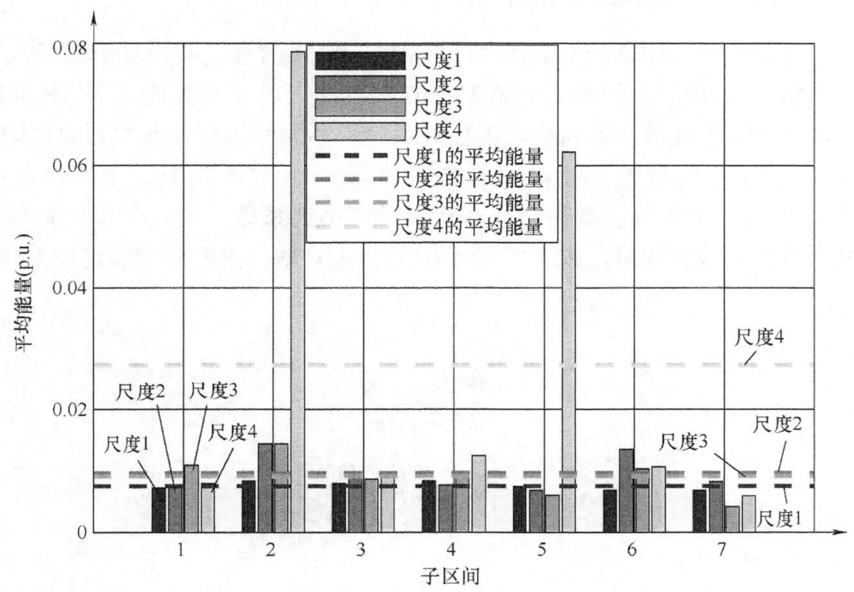

图 5-4　电压中断的能量图

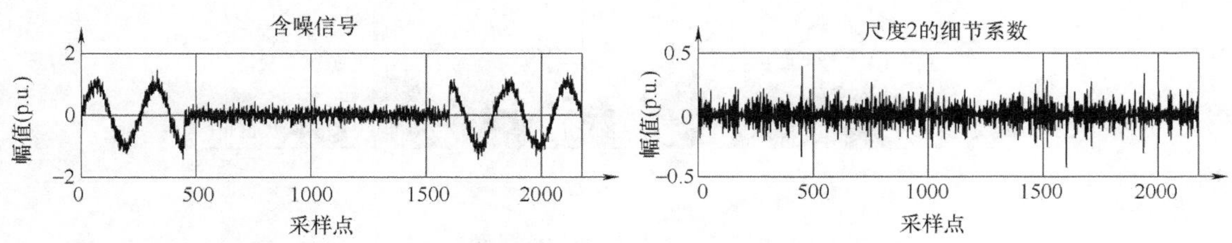

图 5-5　电压中断含噪信号及其小波分解后尺度 2 的细节系数

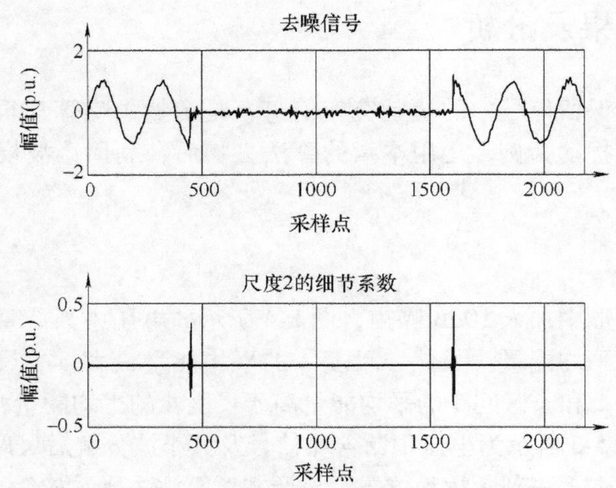

图 5-6　电压中断去噪信号及其小波分解后尺度 2 的细节系数

5.3.2　电压暂降、谐波和电压中断+谐波

电压暂降、谐波、电压中断+谐波扰动的能量图、含噪信号及其小波分解后尺度 2 的细节系数，以及去噪信号及其小波分解后尺度 2 的细节系数依次分别如图 5-7～图 5-15 所示。如图 5-7、图 5-10、图 5-13 所示，不同扰动类型显示出了不同的特征尺度和有效区间；如图 5-8、图 5-11、图 5-14 所示，有效信息小波系数混杂在噪声小波系数中，无从判断；如图 5-9、图 5-12、图 5-15 所示，本章算法既很好地滤除了噪声小波系数，同时又很好地保留下来突变点信息，模极大值点的位置很好反映了扰动发生的起止时刻，去噪后扰动定位准确。

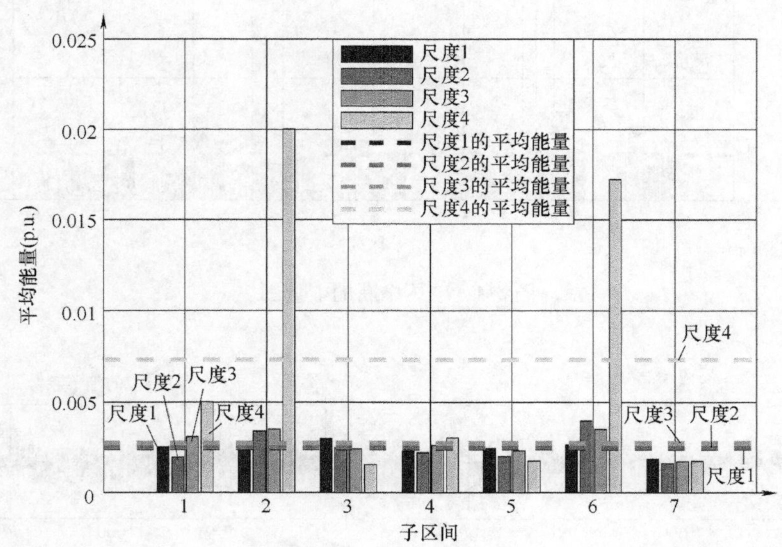

图 5-7　电压暂降的能量图

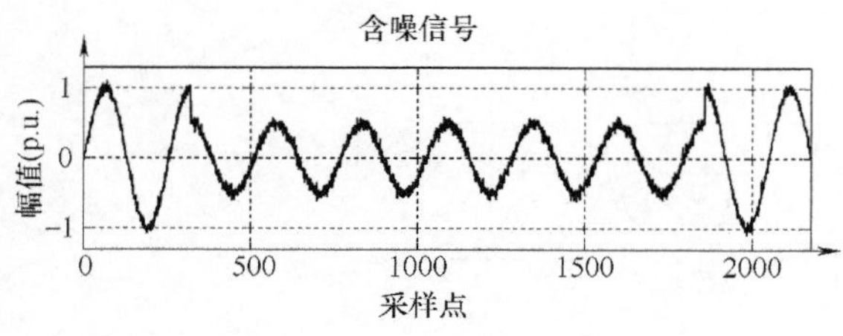

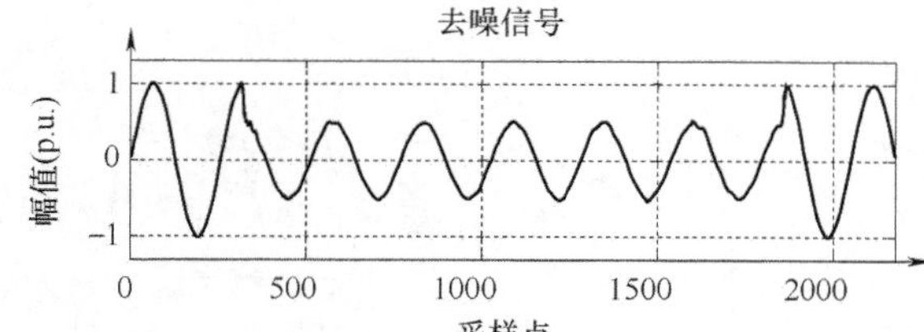

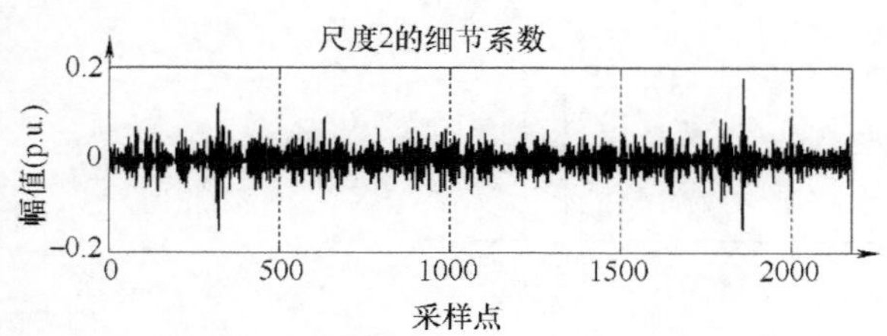

图 5-8　电压暂降含噪信号及其小波分解后尺度 2 的细节系数

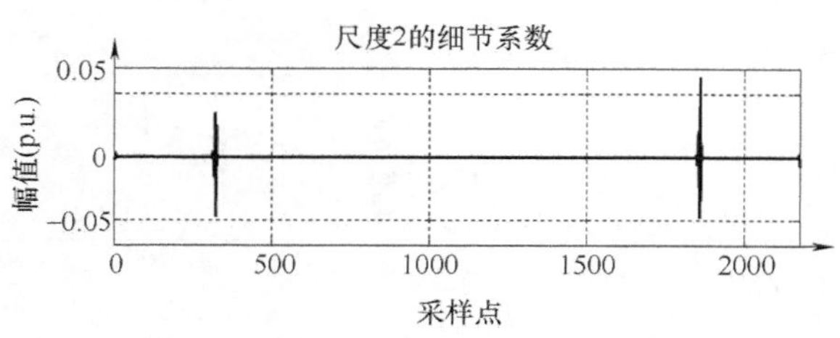

图 5-9　电压暂降去噪信号及其小波分解后尺度 2 的细节系数

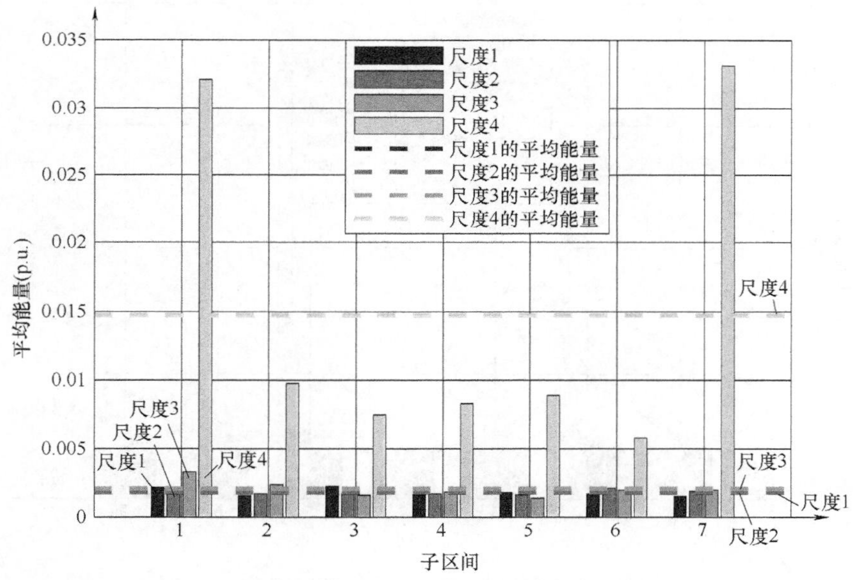

图 5-10　谐波的能量图

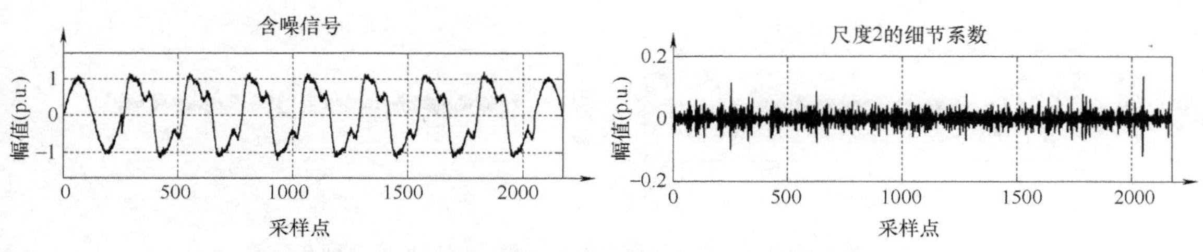

图 5-11　谐波含噪信号及其小波分解后尺度 2 的细节系数

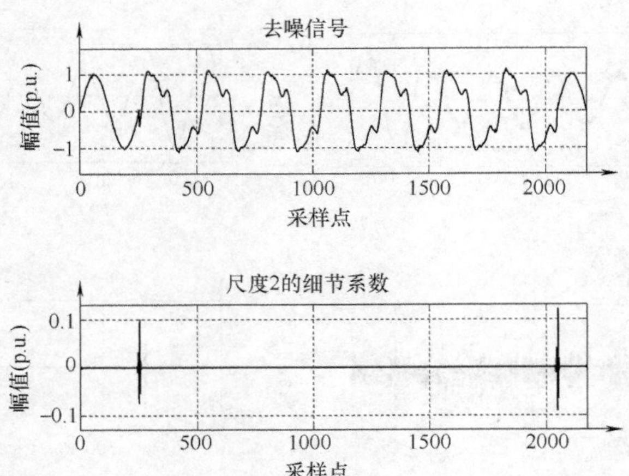

图 5-12　谐波去噪信号及其小波分解后尺度 2 细节系数

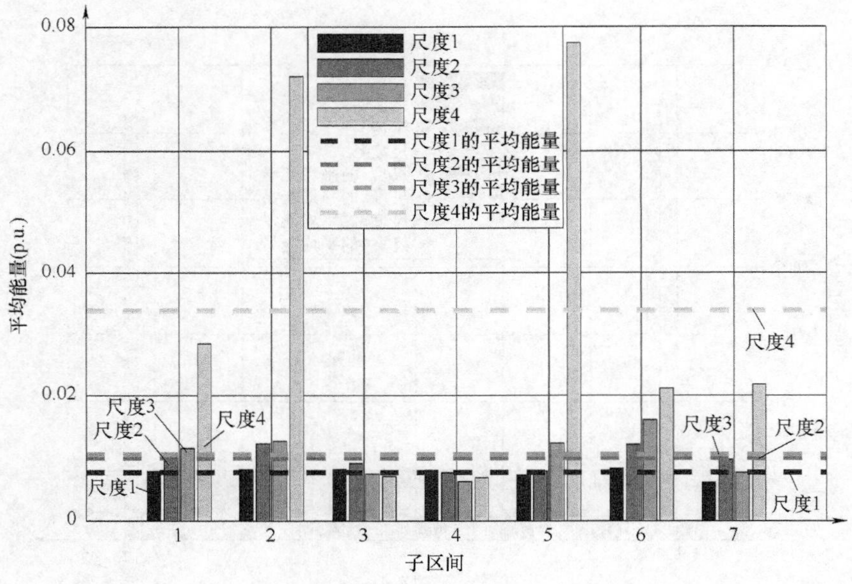

图 5-13　电压中断+谐波能量图

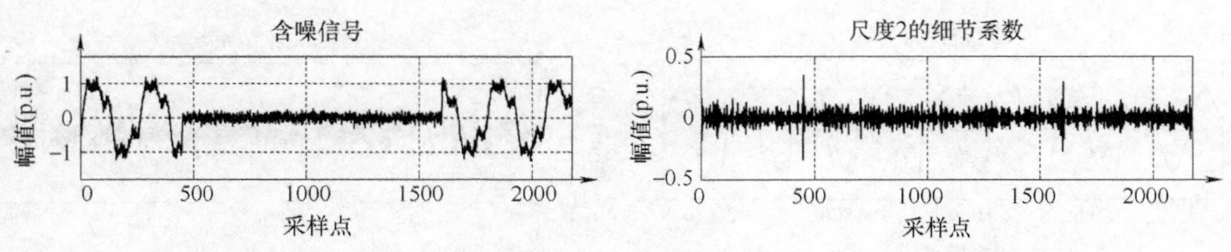

图 5-14　电压中断+谐波含噪信号及其小波分解后尺度 2 细节系数

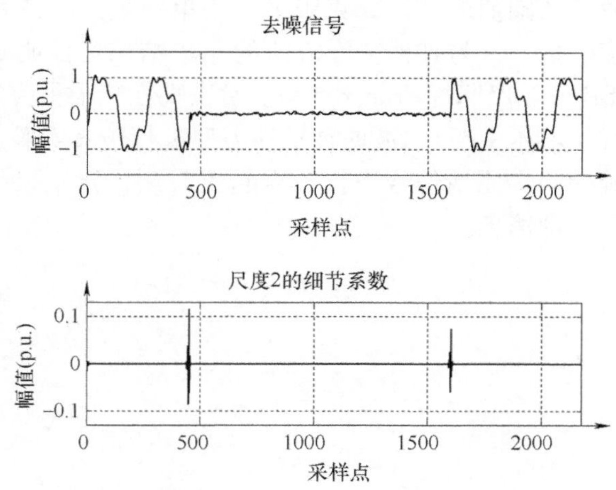

图 5-15　电压中断+谐波去噪信号及其小波分解后尺度 2 细节系数

5.3.3　检测误差分析

根据表 5-2 所示的数据分析可知，针对以上四种扰动类型，利用本章提出的新阈值函数和能量阈值取法的算法去噪处理后，均能够较准确地定位扰动的起始和终止时刻，最大误差也仅为 2 个采样点，定位误差最大不超过 0.4%。

表 5-2　去噪后扰动检测结果数据分析

扰动	理论值				去噪后的实测值				相对误差值（%）	
	扰动点 1		扰动点 2		扰动点 1		扰动点 2		扰动点 1	扰动点 2
	采样点	时刻/s	采样点	时刻/s	采样点	时刻/s	采样点	时刻/s		
电压中断	450	0.035078	1601	0.125078	450	0.035078	1602	0.125156	0	0.062461
电压暂降	322	0.025156	1857	0.145078	322	0.025156	1858	0.145156	0	0.053850
谐波	257	0.020078	2049	0.160078	256	0.02	2050	0.160156	0.389105	0.048804
电压中断+谐波	450	0.035078	1601	0.125078	450	0.035078	1602	0.125156	0	0.062461

5.4　结论

在采集、传输的电能质量信号过程中受外界环境的影响会引入噪声干扰，有效去噪的同时保留突变点信息是治理电能质量的重要前提。本章给出了一种可调阈值函数，通过对可调参数的控制，可以使得该阈值函数在软硬阈值函数之间变动，兼具两者的优点。引入小波系数能量因子，以能量最大的尺度作为特征尺度；在此尺度上，子区间能量高于尺度能量者则为有效区间，进而提出采用有效区间局部阈值去噪的新阈值取法；同时，考虑噪声和信号的小波系数随尺度不同的传播特性，引入算子对阈值进行修正。利用有效区间的局部阈值取法，较传统的全局阈值取法更能反映信号小波系数的特征。

本章提出的可调阈值函数可以具备多种不同的软硬特性，基于能量熵的概念，提出的基于特征尺度和有效区间确定新阈值的算法，克服了利用单一最大小波系数修正阈值可能导致的误判。在不同噪声强度干扰下，与其他去噪方法的比较结果也证明了本章方法去噪后具有更高的 SNR 和更小的 MSE 值。保留扰动奇异点是衡量去噪性能很重要的一方面。本章针对电压中断、电压暂降、谐波、电压中断+谐波四种扰动类型进行仿真实验，结果表明，在利用本章方法去噪后，均能准确检测出原始信号中扰动点起止时刻，误差很小。本章方法在有效去噪的同时也很好地保留了扰动信息。

第6章

利用小波变换实现智能电网的谐波检测

6.1 智能电网中谐波主要来源及其治理方法

电力电子技术的迅速发展使得大量非线性负荷接入电力系统，引起电网电压畸变，造成谐波污染，这不但降低了电能质量，还威胁到系统的安全运行。另外，随冲击性谐波源负荷的增加，如电弧炉、轧机等，电网中间谐波造成的危害也常常发生。例如，并联电容（或无源滤波）器因间谐波放大不能正常投运，使自动控制系统因脉冲基准过零点位移而失灵等。谐波产生的来源主要是大量非线性负荷。电力系统中的谐波源主要有以下几类：

1）电力电子转换类。各种交直流换流装置（如整流器、逆变器等）、双向晶闸可控开关、整流阀、逆变阀等设备的广泛使用，其开关切合和换向特性具有非线性，此类型的负荷为电力系统最主要的谐波源。

2）电机铁心励磁类。此类型负荷产生谐波的原因是非线性饱和励磁电流，因铁心励磁负荷磁饱和现象并不严重，所以其产生的谐波污染远小于电力电子类。

3）不规则非线性负荷。以炼钢厂的电弧炉为例，其瞬时短路时的负荷特性造成的谐波污染最为严重，其他类似的还有点焊机、切割机等。

4）其他谐波源。高速铁路的动力来源、燃料电池、高压直流输电等，都会给电力系统带来大量的谐波污染。

谐波电流和谐波电压的出现，对公用电网是一种污染。它恶化用电设备所处的环境，危害周围的通信系统和公用电网以外的设备，轻则增加能耗、缩短寿命，重则造成用电事故、影响安全生产。

因此，在进行谐波治理之前先要进行谐波的检测。在谐波检测理论快速发展的近一百年里，先后诞生了频域理论和时域理论，形成了多种谐波检测方法，如模拟滤波、傅里叶变换、小波变换、希尔伯特黄变换（Hilbert-Huang transform，HHT）、瞬时无功功率理论、广义 d-q 旋转坐标变换、神经网络、自回归模型谱估计、特征分解方法等。

模拟滤波谐波检测法：早期对谐波的检测主要采用模拟滤波器来实现，主要基于频域理论，利用带通滤波器或带阻滤波器将基波与各次谐波分离开来。该检测方法的优点是输出阻抗低、电路结构简单、品质因素容易控制。其缺点是，如滤波器的中心频率对元件参数非常敏感导致难以获得理想的幅频特性与相频特性，以及检测精度较低等。傅里叶变换方法是如今应用最多最广泛的一种方法。它理论成熟、便于实现。当测量时间是信号周期的整数倍和测量频率大于奈奎斯特（Nyquist）频率时，该方法测量精度高、实现简单、功能较多且使用方便。小波变换具有多分辨率且计算精度高，既可以用来分析稳态信号，也可以用来分析暂态时变信号的特点，已成为电力系统谐波测量中新的研究方向。HHT 具有多分辨率方面的优势，但用 HHT 难以得到谐波的相位信息，对于幅值较小的频率分量较难进行准确分析。基于瞬时无功功率的谐波测量方法在三相三线制电路和有源电力滤波器中应用较多。它以瞬时无功功率理论为基础，能准确检测对称三相电路的谐波值。神经网络具有分布式存储、较强的容错能力、自适应学习等特点，能对样本进行有效的学习，但神经网络法需对大量样本进行学习，收敛速度较慢，实时性差。自回归（AR）模型谱估计是现代谱估计法之一，它通过AR参数模型逼近真实过程。其中的Burg算法能达到较高的频率分辨率，采用Levinson递推可提高计算效率，且数值稳定。特征分解法需对输入量的自相关矩阵进行估计，计算较复杂。限于篇幅，各方法的深入研究读者可自行参阅相关文献，此处不再赘述。本章重点相关傅里叶变换和小波变换研究。

目前，谐波污染已被认为是电网的公害。分析谐波的传统方法采用的多是傅里叶变换，但因其不具有时域分析能力，所以在分析时变信号时有很大的局限性。兴起于20世纪80年代的小波变换以其良好的时频局部化特性较好地克服了傅里叶变换的不足，成为电能质量研究中的有力工具，但绝大多数的局限于将小波变换用于暂态电能质量的检测、定位，对于稳态电能质量指标（如谐波）的小波研究并不深入，多数仍停留在傅里叶变换上。基于此，本章将小波变换进一步用于谐波检测，针对四种不同的谐波模型进行了仿真实验，两种变换的结果比较表明，傅里叶变换仅能获取原始信号的频率成分；而经过小波变换后，能有效实现各次谐波的分离，准确检测谐波出现的时刻，获取各次谐波的实时波形，并识别振荡谐波的变化趋势。与传统的傅里叶变换结果进行的比较分析证明了，小波变换在谐波检测中的优越性。

6.2 谐波的含有率和畸变率

对于非正弦周期电压和电流的瞬时值，可以采用三角级数表示，即

$$u(t)=U_0+\sum_{n=1}^{\infty}\sqrt{2}U_n\sin(n\omega_1 t+\alpha_n) \tag{6-1}$$

$$i(t)=I_0+\sum_{n=1}^{\infty}\sqrt{2}I_n\sin(n\omega_1 t+\beta_n) \tag{6-2}$$

式中，n 为谐波次数，$n=1,2,3,\cdots\cdots$

将式（6-2）代入以下电流有效值的定义式为

$$I=\sqrt{\frac{1}{T}\int_0^T i^2(t)\,\mathrm{d}t} \tag{6-3}$$

则得电流的有效值为

$$\begin{aligned} I &= \sqrt{\frac{1}{T}\int_0^T\left[I_0+\sum_{n=1}^{\infty}\sqrt{2}I_n\sin(n\omega_1 t+\beta_n)\right]^2\mathrm{d}t} \\ &= \sqrt{I_0^2+\sum_{n=1}^{\infty}I_n^2} \end{aligned} \tag{6-4}$$

同理得

$$\begin{aligned} U &= \sqrt{\frac{1}{T}\int_0^T\left[U_0+\sum_{n=1}^{\infty}\sqrt{2}U_n\sin(n\omega_1 t+\alpha_n)\right]^2\mathrm{d}t} \\ &= \sqrt{U_0^2+\sum_{n=1}^{\infty}U_n^2} \end{aligned} \tag{6-5}$$

为了表示畸变波形偏离正弦波形的程度，最常用的特征量有谐波含量、总畸变率和 n 次谐波含有率。

所谓谐波含量，就是各次谐波的二次方和二次方根，谐波电压含量为

$$U_{\mathrm{H}}=\sqrt{\sum_{n=2}^{\infty}U_n^2} \tag{6-6}$$

为了说明某次谐波分量的大小，常以该次谐波的有效值与基波有效值的百分比表示，称为该次谐波含有率（harmonic ratio，HR）。例如，第 n 次谐波电压含有率 HRU_n 为

$$\mathrm{HRU}_n=\frac{U_n}{U_1}\times 100\% \tag{6-7}$$

畸变波形引起的偏离正弦波形的程度，则以谐波畸变率（total harmonic distortion，THD）表示，简称畸变率。它等于各次谐波有效值的二次方和的二次方根值与基波有效值的百分比，如谐波电压总畸变率为

$$\mathrm{THD_U}=\frac{U_{\mathrm{H}}}{U_1}\times 100\% \tag{6-8}$$

6.3　快速傅里叶变换算法

一个波形的傅里叶变换就是把这个波形分解成许多不同频率的正弦波之和，将信号看成是一系列加权的基本信号的线性组合，利用对这些基本信号的分析，然后叠加起来替代对原信号的分析，由此达到对电力系统各次谐波分析的效果。相关方法根据离散傅里叶变换过渡到快速傅里叶变换的基本原理而成。模拟信号经采样，离散成数字序列信号后，经微型计算机进行谐波分析和计算，得到基波和各次谐波的幅值和相位，并可获得更多的信息，如谐波功率、谐波阻抗及对谐波进行各种统计和分析等。

快速傅里叶变换（fast fourier transform，FFT）是一种快速有效地计算离散傅里叶变换（discrete fourier transform，DFT）的方法。FFT 基本上分为两大类：时域抽取 FFT（decimation-in-time FFT，DIT-FFT）和频域抽取 FFT（decimation-in-frequency FFT，DIF-FFT）。

设某非正弦电压函数 $u(t)$，周期 $T_0=2\pi/\omega_0$，$u(t)$ 表达式为

$$u(t)=a_0+\sum_{k=1}^{\infty}(a_k\cos k\omega_0 t+b_k\sin k\omega_0 t) \tag{6-9}$$

其中

$$a_0=\frac{1}{T_0}\int_0^{T_0}u(t)\mathrm{d}t \tag{6-10}$$

$$a_k=\frac{2}{T_0}\int_0^{T_0}u(t)\cos k\omega_0 t\mathrm{d}t \tag{6-11}$$

$$b_k=\frac{2}{T_0}\int_0^{T_0}u(t)\sin k\omega_0 t\mathrm{d}t \tag{6-12}$$

将式（6-11）和式（6-12）做如下变换：

$$(a_k-\mathrm{j}b_k)/2=\frac{1}{T_0}\int_0^{T_0}u(t)\mathrm{e}^{-\mathrm{j}k\omega_0 t}\mathrm{d}t \tag{6-13}$$

将式（6-13）时域离散化：

$$\begin{aligned}(a_k-\mathrm{j}b_k)/2 &= \frac{1}{T_0}\sum_{n=0}^{N-1}u(n)\mathrm{e}^{-\mathrm{j}kn\frac{2\pi}{N}} \\ &= \frac{1}{N}\sum_{n=0}^{N-1}u(n)\mathrm{e}^{-\mathrm{j}kn\frac{2\pi}{N}}\end{aligned} \qquad k=1,2,\cdots,N-1 \tag{6-14}$$

根据离散傅里叶定理，得

$$F(k)=(a_k-\mathrm{j}b_k)/2 \qquad k=1,2,\cdots,N-1 \tag{6-15}$$

令 $A_k=(a_k-\mathrm{j}b_k)/2$，$A_0=F$（0），则有

$$A_k=F(k) \qquad k=1,2,\cdots,N-1 \tag{6-16}$$

可见，电压信号时域离散采样后，经傅里叶变换，可以很容易得到各次整数次谐波的有效值、相位角等参数。

傅里叶变换是时域到频域转化的工具。从物理意义上讲，傅里叶变换的实质是把对原函数 $f(t)$ 的研究转化为对其傅里叶变换 $F(\omega)$ 的研究。$f(t)$ 和 $F(\omega)$ 是同一能量信号在时域和频域的两种不同表现形式。$f(t)$ 显示了时间信息而隐藏了频率信息，而 $F(\omega)$ 显示了频率信息而隐藏了时间信息。虽然傅里叶变换能够将信号的时域特征与频域特征联系起来，但由于傅里叶变换是在信号的整个时间内积分，这样它在时域内是非局部的。因此，傅里叶变换要么在时域、要么在频域描述信号的特征，而不能对信号同时在时频域内进行联合分析。也就是说，傅里叶变换在信号分析时面临着时域与频域的局部化矛盾。特别是当信号中有暂态成分时，使用该方法会产生频谱混叠效应和栅栏效应，使计算出的信号参数（即频率、幅值和相位）不准确，无法满足测量精度要求。

6.4 采样频率和分解尺度的选择

6.4.1 采样定理及采样频率的确定

在进行谐波分析的时候，虽然理论上高次谐波的频率是递增且无穷的，但是实际电力系统中的谐波含量随着谐波次数的增加是不断减小的。即，当某次谐波的频率高于某定值时，该次谐波的幅值非常小，对系统的影响可以忽略掉。因此，这时候的电信号 $f(t)$ 的频域特性可以表示为

$$F(\omega)=0 \qquad |\omega|>\omega_0,\omega_0\text{为常数且为正数}$$

信号 $f(t)$ 称为一个频率带限信号。

当 ω_0是上式成立的最小频率时，自然频率 $\omega=\dfrac{\omega_0}{2\pi}$称为奈奎斯特频率。$2\omega=\dfrac{\omega_0}{\pi}$称为奈奎斯特采样频率。惠特克-香农（Whittaker-Shannon）采样定理将证明带限信号是可以由它在时间上均匀间隔的（采样）值重建的。这个结论也是把连续信号变为数字信号进行处理的基础。

假设 $F(\omega)$ 是分段光滑且连续的，而且对于 $|\omega|>\omega_0$，有 $F(\omega)=0$。其中，ω_0为某一固定的正数。那么 $f(t)=F^{-1}[F(\omega)]$ 完全由其在点 $t_k=k\pi/\omega_0(k=0,\pm1,\pm2,\cdots\cdots)$ 的值确定。确切来说，$f(t)$ 可以写成下面的级数展开形式：

$$f(t)=\sum_{k=-\infty}^{\infty} f(k\pi/\omega_0)\frac{\sin(\omega_0 t-k\pi)}{\omega_0 t-k\pi} \tag{6-17}$$

式（6-17）右边的级数是一致收敛的。

这是一个非常重要的定理，谐波检测的精确度标准之一就是能否准确地复现原函数。这个定理说明了采样频率至少为要检测的最高次谐波的频率的 2 倍才能保证精确度。

另外，由于式（6-17）中系数（绝对值）的衰减率为 $1/k$，使其收敛速度是很慢的，所以通过采样技术可以使系数的衰减率变为 $1/k^2$ 或更大。但相反，如果信号的采样速率低于奈奎斯特采样频率，则通过式（6-17）重构信号的时候，不但会丢失高频分量，而且高频分量的能量还会转到原来的低频分量的位置上去，这种现象称为混叠。

采样定理是把连续信号变为数字信号的基础，是复现原函数的精度保证。

由采样定理可知，若原信号的最高频率为 f_c，则采样频率 f_s 必须满足 $f_s \geqslant 2f_c$，才能得各次谐波对应的全部频谱。

当 $f_s<2f_c$，由于频谱的周期性，其他各周期中原有的频率高于 $f_s/2$ 的谐波频谱将混叠到该周期频率低于 $f_s/2$ 的谐波频谱中去，造成频谱混叠而产生误差。f_s 越低，产生的频谱混叠误差越大。为了防止频谱混叠造成的谐波测量误差，一方面可以提高采样频率 f_s；另一方面可使原信号在采样前通过预先设置的低通滤波器，除去 $f_s/2$ 以上频率的谐波，使被采样信号中仅有 $f_s/2$ 以下所要的谐波成分。

要注意的是，采样频率过低，会影响检测的精度；采样频率过高，会使得小波变换的系数过于密集，运算时间长，影响实时性。故综合考虑两者，最终取采样频率为 3200Hz，即采用 64 点采样。取采样点数为 2 的幂，可以保证 FFT 算法的快速性。用这样的采样频率进行傅里叶分析，则所得到的最高谐波次数为

$$\frac{N}{2}-1=\frac{64}{2}-1=31\text{ 次}$$

这对于稳态指标的计算已经能够满足要求。

6.4.2　小波分解尺度的选择

利用小波进行谐波分析时，必须确定合理的分解层数，对信号的频带进行正确的划分。频带宽度的选择与信号频率和采样频率均有关系，频带划分不宜过细以防止采样点数过少，也不宜过宽以防止准确性降低。

频带划分的原则：尽量使信号的基频位于最低子频带的中心，以限制基频分量对其他子频带的影响。

实际频带的划分数目可以由下式取整数求得：

$$p=\log_2\left(\frac{f_s}{f_b}\sqrt{\frac{1}{8}}\right)+0.5 \tag{6-18}$$

式中，f_s 为采样频率，取 3200Hz；f_b 为基频，取 50Hz。将它们代入计算得到

$$p=\log_2\left(\frac{3200}{50}\sqrt{\frac{1}{8}}\right)+0.5=5$$

故应分解到第 4 层，相应的小波包分解算法图和频带划分示意图如图 6-1 和图 6-2 所示。

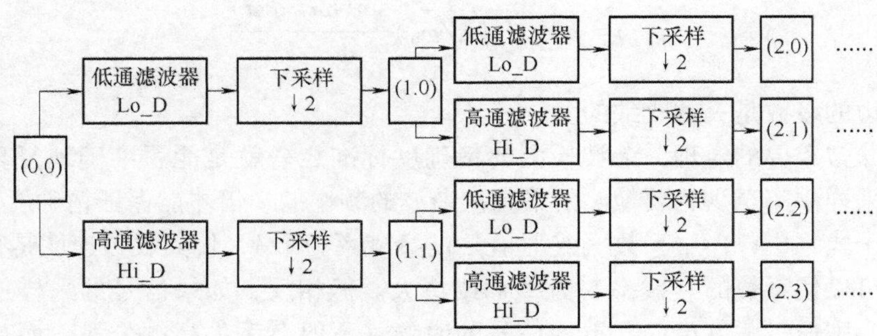

图 6-1　小波包分解算法图

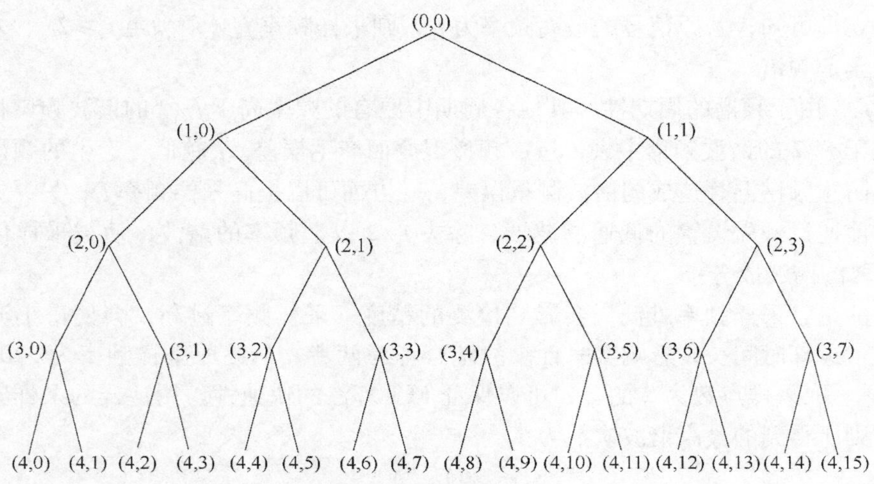

图 6-2　频带划分示意图

6.5　实验分析及结论

6.5.1　算例一　各次谐波的提取

原始信号由基波、3、5、11 次谐波组合而成，相应的数学表达式为

$$y=\sin(314t)+0.5\sin(3\times314t+1.5708)+0.3\sin(5\times314t+0.5236)+0.1\sin(11\times314t)$$

对应的原始时域波形如图 6-3a 所示。图中，横坐标表示仿真时间，总时长为 0.2s；纵坐标表示信号幅值大小，原始波形由于谐波的加入而出现畸变，不再是标准的正弦波。分析电力系统中典型的非线性负荷后发现，谐波所占的比重不大，且多是奇次谐波，任一奇次谐波的幅值一般不会超过基波幅值的 50%，且谐波次数越高幅值越小。基于这些研究结果，上式中基波和 3、5、11 次谐波的幅值依次为 1、0.5、0.3、0.1。

对 640 个采样点进行离散快速傅里叶变换得出幅频图，如图 6-3b 所示。图中，横坐标表示谐波次数，可以看到所能检测的最高谐波次数为 31 次；纵坐标表示对应各次谐波的幅值。

考虑到小波包能对高频部分也进行划分，而一维小波分解可能出现频率叠混现象，无法清晰区分各次谐波，故用 db8 对原始信号 y 进行 4 层小波包分解。根据小波包的二分频特性，可知第 4 尺度的［4，0］、［4，1］、［4，2］、［4，5］子频带所反映的频率范围依次为(0~100Hz)、(100~200Hz)、(200~300Hz)、(500~600Hz)，对应这 4 个子频带所反映的谐波依次为基波、3、5、11 次谐波。

由于小波变换经过了二抽取，所以分解到第 4 尺度的各频带采样点数目减少。为了能够更好地反映原始信号中的谐波成分，对［4，0］、［4，1］、［4，2］、［4，5］的 4 个子频带进行小波系数重构，对应的重构波形如图 6-3c~f 所示。图中，横坐标表示采样点数，纵坐标表示小波系数。

对比图 6-3 所示的各个波形，分析可以得到结论：傅里叶变换后，仅能够反应原始波形中的谐波成分及幅值，即仅有频域信息而无时域信息，这正是傅里叶变换的不足；而利用小波变换可以实现基波、3、5、11 次谐波的准确分离，时频信息同时可见，这对基于相位分析的谐波补偿措施提供了很好的依据。

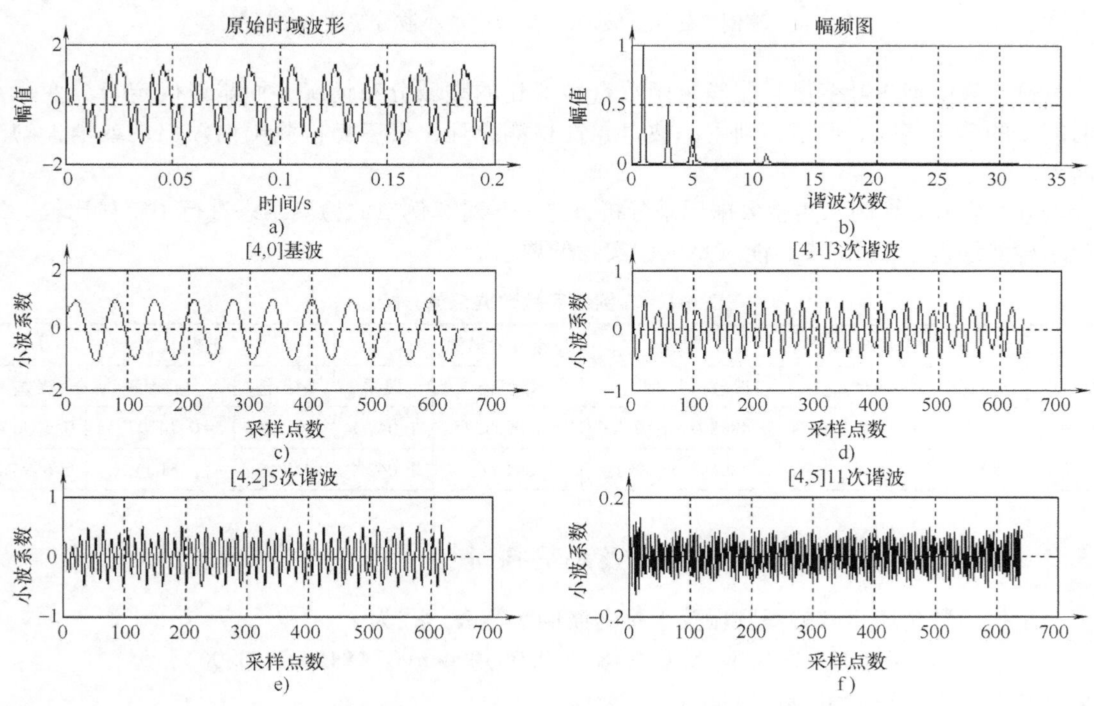

图 6-3　算例一的傅里叶变换和小波包变换结果

6.5.2　算例二　谐波出现时刻检测

算例二模拟 3、5、11 次谐波分别在不同的时刻出现，其数学表达式为

$$y=\sin(314t)+0.5\sin(3\times314\times(t-0.065))+0.3\sin(5\times314\times(t-0.09))+0.1\sin(11\times314\times(t-0.14))$$

上式表明在 $t=0.065$s 时出现 3 次谐波，在 $t=0.09$s 时出现 5 次谐波，在 $t=0.14$s 时出现 11 次谐波。总仿真时间为 10 个周期，即 0.2s。

对原始信号 y 进行傅里叶变换，其结果如图 6-3b 所示，仅能够检测出谐波次数，这是因为信号的时域表示中不包含任何频域信息，而傅里叶变换没有反映出随时间变化的频率。也就是说，对于频率中的某一频率，不知道这个频率是在什么时候产生的。

用 db8 小波进行一维小波分解，结果如图 6-4 所示。图 6-4 上图所示为含有不同时刻出现谐波的原始波形，下图所示为对应 d1 尺度的小波分解波形。很明显，d1 尺度的三个模极大值点即对应原始波形中 3、5、11 次谐波出现的时刻。

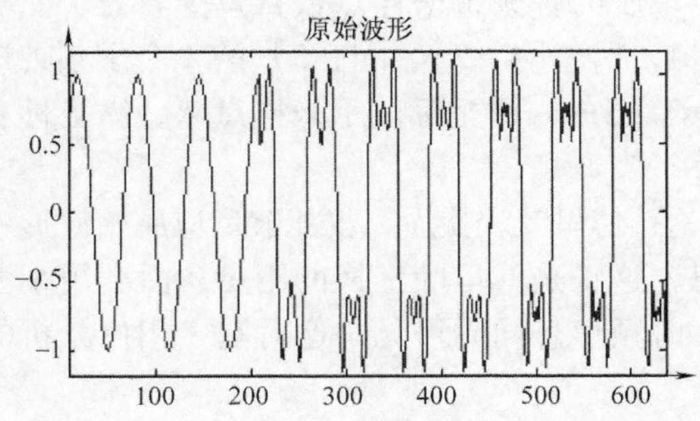

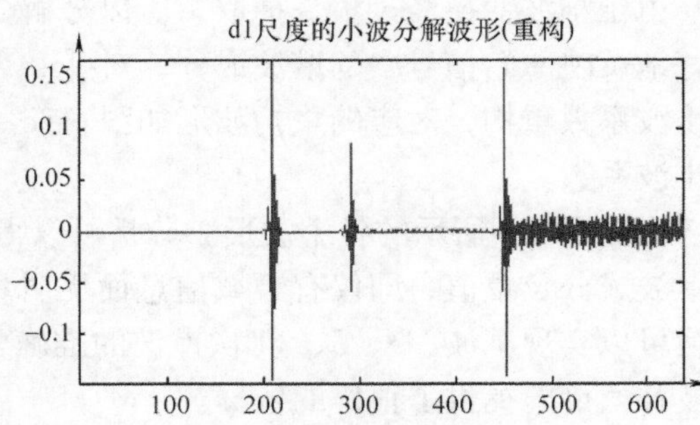

图 6-4　算例二的原始波形及 d1 尺度的小波分解波形结果

算例二表明傅里叶变换只能确定函数奇异变化的频域分布情况，而难以确定奇异变化点在时间上的分布情况。但是，利用小波奇异性检测原理，很容易检测出谐波出现或消失的准确时刻。

表 6-1 给出的算例二实验数据记录分析，进一步对算例二的检测结果进行了定量比较。结果显示检测误差小于 1.1%，能满足工程实际的要求。

表 6-1　算例二实验数据记录分析

	出现 3 次谐波			出现 5 次谐波			出现 11 次谐波		
	理论值	检测值	误差	理论值	检测值	误差	理论值	检测值	误差
时间	t=0. 065s	t=0. 0653125s	0. 4808%	t=0. 09s	t=0. 0909375s	1. 042%	t=0. 14s	t=0. 1409375s	0. 6696%
采样点	208 点	209 点	0. 4808%	288 点	291 点	1. 042%	448 点	451 点	0. 6696%

6. 5. 3　算例三　振荡谐波实时波形及趋势判断

一个按指数规律衰减的高频振荡干扰谐波的数学表达式为

$$y=\sin(314t)+0.5\times\exp(-15\times(t-0.06))\times\sin(314\times15\times(t-0.06))$$

可见衰减谐波干扰在 $t=0.06$s 时加入。

原始时域波形如图 6-5a 所示。傅里叶变换后的幅频图如图 6-5b 所示。

由于此模型只含有 50Hz 和 750Hz 频率成分，结合图 6-2 所示的小波包树分解，此处只需要用 db8 小波对原始信号 y 进行 2 层分解即可分离原始波形，再对［2，0］、［2，1］子频带的小波系数进行重构，重构波形如图 6-5c、d 所示。

对比傅里叶变换结果（见图 6-5b）和小波变换结果（见图 6-5c、d）可知，通过傅里叶变换仅能够知道原始波形中含有基波和 15 次谐波，且由于高频振荡衰减时间很快，15 次谐波幅值很小；而通过小波变换不仅能准确知道基波的实时波形，而且还能清晰获取高次谐波实时波形，进而可以检测出干扰出现的时刻及干扰的变化趋势等信息。

一个时变非平稳动态谐波的数学表达式为

$$y=\sin(314t)+0.5\times\exp(2\times(t-0.06))\times\sin(314\times15\times(t-0.06))$$

可见时变非平稳谐波干扰在 $t=0.06$s 时加入。

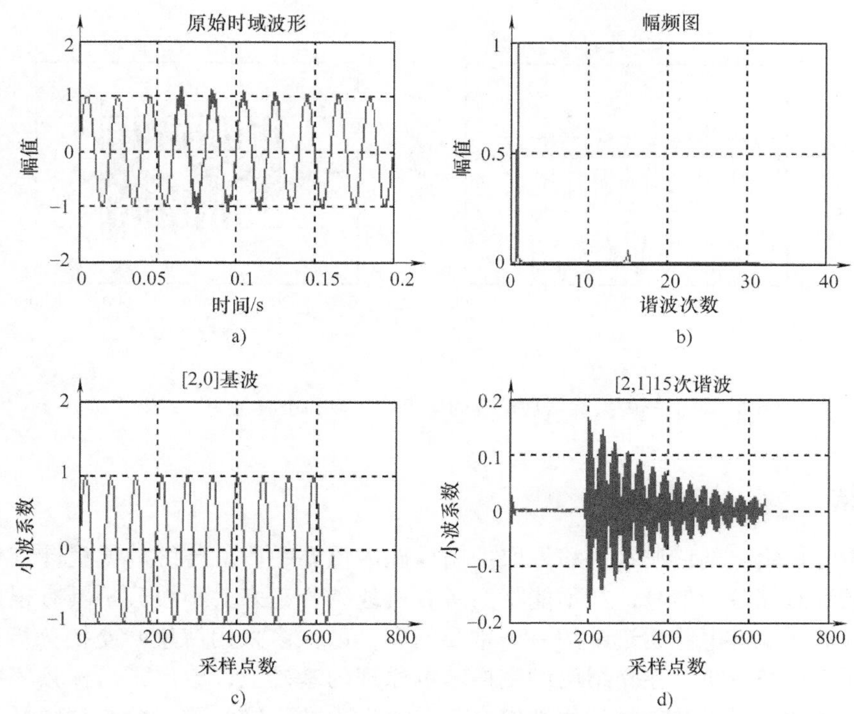

图 6-5　算例三中振荡衰减谐波的傅里叶变换和小波包变换结果

原始时域波形如图 6-6a 所示。傅里叶变换后的幅频图如图 6-6b 所示。

用 db8 小波对原始信号 y 进行 2 层分解后再对［2，0］、［2，1］子频带的小波系数进行重构，重构波形如图 6-6c、d 所示。对图 6-6 所示的两种变换的结果分析与图 6-5 所示的相似。

可见看到，对于振荡衰减（见图 6-5）和振荡增加（见图 6-5），傅里叶变换的检测结果相似。如图 6-5b 和图 6-6b 所示，仅能够检测出谐波次数，即含有基波和 15 次谐波；而对于谐波干扰的变化趋势虽然在谐波幅值大小上有所不同，但实际中由于没有相对比较，所以很难判断出来。如图 6-5b、图 6-6b 所示，傅里叶变换后完全丢掉了时间的信息，没有办法根据变换结果去断定信号是在什么时间发生，以及其变化趋势。而小波变换能够准确提取出基波和谐波的实时波形（见图 6-5c、d 和图 6-6c、d），进而可以确定谐波变化的趋势以采取相应的治理措施。

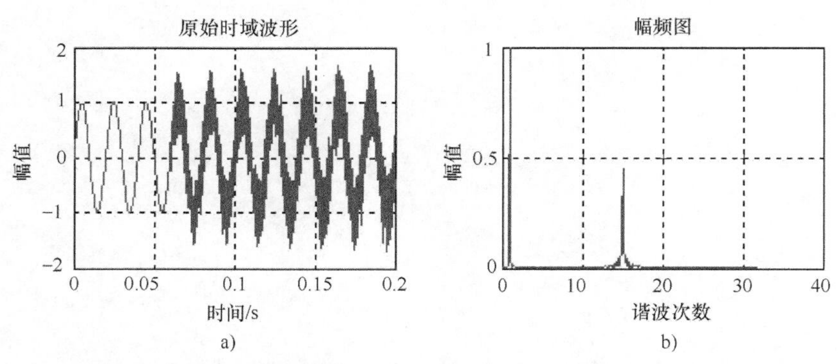

图 6-6　算例三中振荡增加谐波的傅里叶变换和小波包变换结果

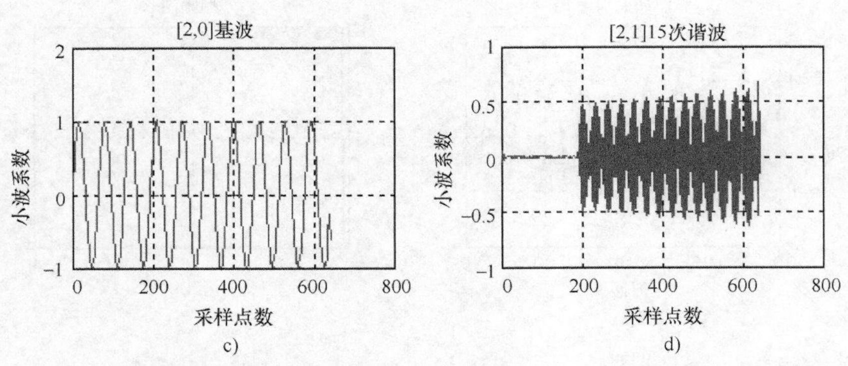

图 6-6　算例三中振荡增加谐波的傅里叶变换和小波包变换结果（续）

6.5.4　小结

谐波测量是评定电网谐波水平和采取抑制措施的重要手段。传统的傅里叶变换只能分别从信号的时域和频域分析信号，却不能将两者有机地结合起来。小波分析具有很好的时频局部化能力。谐波是稳态电能质量中的一个重要问题，以往多采用傅里叶变换分析谐波。本章将小波变换用于谐波分析，在介绍两种变换基本原理的基础上，给出了采样频率和分解尺度的确定原则。本章针对正弦信号的线性组合、谐波出现的不同时刻、含有高频振荡衰减谐波干扰及时变振荡递增动态谐波等多种谐波模型进行了仿真实验。结果表明信号经过傅里叶变换后，仅能获知原始信号中所含的谐波次数，它只是单纯频域的分析方法，而在时域里没有分辨能力；而小波变换可获取基波和谐波的实时波形，能同时获取时频信息，谐波定位更准确，这为更好地治理谐波污染提供了重要依据。

第 7 章

小波包系数的智能配电网单相接地故障选线法

7.1 智能配电网的单相接地故障特征及意义

7.1.1 单相接地故障特征

我国配电网广泛采用中性点非有效接地方式，该方式的单相接地故障率最高。当发生单相接地故障后，接地电容电流可能引起故障点电弧飞越，出现比相电压大 4~5 倍的瞬时过电压，导致绝缘击穿，进一步扩大成两点或多点接地短路；故障点的电弧还会引起全系统过电压，烧毁电缆甚至引起火灾，这严重威胁着配电网的安全稳定运行。因此，为防止事故扩大，希望尽快找出故障线路。但是由于单相接地是通过电源绕组和输电线路对地分布电容形成的短路回路，故障点的接地电流很小，因此其故障选线问题一直困扰着供电部门。

当发生单相接地故障时，可以将暂态电容电流看成是如下两个电流之和：

1）由故障相电压突然降低，而引起的放电电容电流。它通过母线流向故障点，放电电流衰减很快，其振荡频率高达数千赫。振荡频率主要决定于电网中线路的参数、故障点的位置及过渡电阻的数值。

2）由非故障相电压突然升高，而引起的充电电容电流。它通过电源形成回路，由于整个回路的电感增大，因此，充电电流衰减较慢，振荡频率也较低，仅为数百赫兹。

图 7-1 所示的等效电路是中性点经消弧线圈接地系统发生单相接地故障时的暂态过程等效电路，可以用以分析暂态电容电流和暂态电感电流。图 7-1 中，C 为电网的三相对地电容总和；L_0 为三相线路和变压器等在零序回路中的等值电感；R_0 为零序回路中的等值电阻；r_L、L 分别为消弧线圈的有功损耗电阻和电感；u_0 为零序电压。

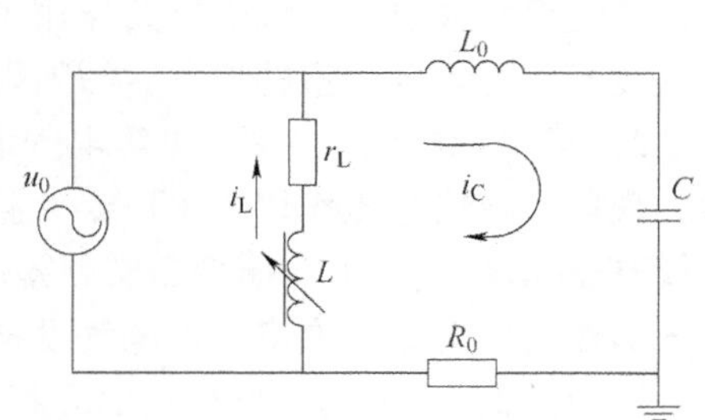

图 7-1 单相接地故障暂态过程等效电路

通过建立微分方程，考虑初始条件，经拉氏变换等一系列的运算，求得过渡过程中首半波的最大电流值为

$$i_{\max}=I_{\mathrm{Cm}}\left(\frac{\omega_0}{\omega}\mathrm{e}^{-\delta t}-\sin\omega t\right) \tag{7-1}$$

式中，I_{Cm} 为电容电流的幅值；ω 为工频；$\delta=\frac{1}{\tau_{\mathrm{C}}}=\frac{R_0}{2L_0}$，为自由振荡分量的衰减系数，其中的 τ_{C} 为回路的时间常数。

从式（7-1）可见，i_{max}为最大电流和稳态电容电流之比，近似等于共振频率和工频频率之比，它可能较稳态值大几倍到几十倍。由于暂态电流是由故障相放电电流和非故障相充电电流组成的，所以故障与非故障线路的暂态首半波的突变极性是相反的，据此可以作为选线的依据。

对于中性点经消弧线圈接地的电网，由于暂态电感电流的最大值应出现在接地故障发生在相电压经过零值的瞬间，而当故障发生在相电压接近最大值瞬间时有 $i_L=0$，因此暂态电容电流较暂态电感电流大很多。所以，在同一电网中，不论中性点绝缘或是经消弧线圈接地，在相电压接近最大值发生故障的瞬间，其过渡过程是近似相同的。由于暂态电流的幅值和频率主要是由暂态电容电流所确定的，NES 的暂态电容电流分布与 NUS 的电容电流分布情况类似，如图 7-2 所示。

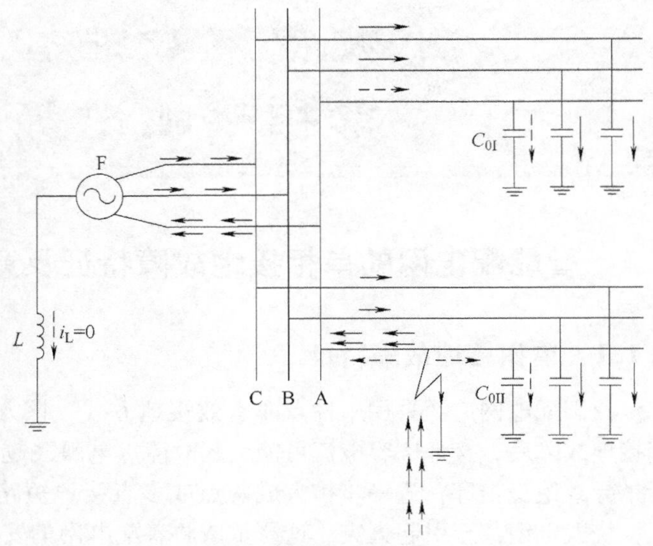

图 7-2　单相接地暂态电流分布

7.1.2　选线的意义

我国 3~60kV 中压电网一般采用 NUS 或 NES。在这种小电流接地系统中，单相接地故障占比最高，约占配电网故障的 80%以上，然而，由于 NUGS 单相接地时接地残流小，使得故障选线较困难，直到目前为止，还没有一种完善的保护原理。传统的逐线拉路方法，严重影响了供电可靠性。因此，如何检测并隔离接地故障线路，成为配电自动化领域的一个重要研究课题。有效快速选择出接地故障线路并进行处理具有如下重要意义。

1）可降低设备绝缘污闪事故率。系统在带单相接地故障运行时，非故障相电压升为线电压，这使得污秽设备在线电压的作用下加速沿面放电的发展，更容易造成一些污闪的恶性事故。在某些污秽较严重的地方，污闪事故成为系统的突出事故。

2）可降低电压互感器 PT 等电气设备的绝缘事故率。当发生 $f^{(1)}$ 时，PT 铁心可能会出现饱和现象，在线电压作用下 PT 会产生并联谐振状态，使得 PT 励磁电流大幅度增加。因此，在线电压作用下，PT 高压熔断器频繁熔断，PT 过热喷油或爆炸事故不断发生。不仅 PT，线电压的作用也会导致许多其他电气设备的绝缘加速劣化。

3）可降低形成两相异地短路和相间直接短路的机会。系统不可避免地存在绝缘弱点，在系统带单相接地故障运行期间，由于电压升高和过电压的作用，很容易发生两相异地短路，使事故扩大。单相接地电弧还可能直接波及相间，形成相间直接短路。在许多情况下，单相弧光接地会很快发展为母线短路。在电动力的作用下，短路电弧会向着备用电源方向跳跃，可能造成“火烧连营”式的事故。

4）减小对电缆绝缘的劣化影响。10kV 配电网不少为电缆出线或电缆-架空线的形式出线。温度对电缆绝缘的影响很大，超过长期允许工作温度（此值一般不超过 90℃），电缆绝缘会加速劣化。实际已运行的许多电力电缆，其长期允许载流量和电缆实际工作电流之间并无多大裕度，这样使得电缆长期发热严重。在单相接地故障情况下运行，线电压的作用使电缆绝缘劣化加速，一旦形成相间短路，则短路电流产生的温升将进一步加速绝缘劣化。因此在单相接地时常有电缆放炮和绝缘损伤的情况发生。

5）便于无间隙氧化锌避雷器（MOA）的推广应用。我国国标规定的小电流接地系统的 MOA 的持续运行电压为系统运行相电压（有效值）的 1.15 倍，其值低于系统运行线电压。当 NUGS 发生 $f^{(1)}$ 持续时间较长时，MOA 就要经常承受线电压，这样会加速 MOA 的劣化，导致避雷器的损坏和爆炸。

7.2 单相接地故障选线方法综述

7.2.1 基于电网稳态电气量特征的选线方法

1. 基于基波的选线方法

（1）零序电流比幅法

中性点不接地系统单相接地短路时，流过故障元件的零序电流数值等于全系统非故障元件对地电容电流之和，即故障线路上的零序电流最大。据此只要通过零序电流幅值大小比较，就可以找出故障线路。此法依靠的是本线路的电容电流，当出线较少时，K_{lm} 很小，无法满足选择性；当中性点有补偿时，此法失效。

（2）零序功率方向法

NUGS 发生 $f^{(1)}$ 时，其故障线路和非故障线路的零序电流的方向不同，前者滞后零序电压 90°，后者超前 90°，据此以零序电压和零序电流的乘积作为输入信号可构成接地保护。此法在系统运行方式发生改变后无须重新整定，线路的长短影响不大，但在谐振接地系统中失效。法国电力（EDF）集团对此法的研究表明，当电网中出现高阻接地故障时，由于 U_{o} 很小，残流不大，该方法的灵敏度很快就到极限了。

（3）群体比幅比相法

其原理是先进行 I_0 比较，选出几个幅值较大的作为候选，再在此基础上进行相位比较，选出方向与其他不同的，即为故障线路。

（4）零序导纳法

测量线路零序导纳，发生 $f^{(1)}$ 时，非故障线路 k 的零序测量导纳等于线路自身导纳，而故障线路零序测量导纳等于电源零序导纳与非故障线路零序导纳之和的负数。零序导纳接地保护是把其他线路故障时馈线 k 的测量导纳矢量与馈线 k 自身故障时的测量导纳矢量进行区分。EDF 集团据此原理研制出的微机保护可以检测 100kΩ 的高阻接地故障。波兰研制的导纳接地保护装置已在我国内推广应用多年，到 1996 年为止，已有多套投入中压电网运行。该保护原理具有以下一些特点：①中性点经电阻接地或经消弧线圈并电阻接地，能增大系统零序电导，有利于提高接地导纳继电器的灵敏度。②抗过渡电阻能力强，且适合对地绝缘老化型故障的检测。③保护动作裕度大。④不受低压、不对称负荷（包括单相冲击负荷）的影响。⑤如采用在线测量系统导纳，Y_{ok}、$Y_{\text{ok}'}$ 是由测量值自适应整定，可进一步提高保护精度。

（5）有功电流法

其原理是，当发生 $f^{(1)}$ 时首先从所有馈线中抽取零序电流的基波有功分量，算出故障点的残余有功电流，即所有馈线零序有功电流的向量和 $\dot{I}_{\text{r}}$，并选取该向量和的垂直线作为参考轴；

再对所有馈线的基波零序电流在参考轴上的投影进行比较。此时，故障馈线接地电流的投影与各条非故障馈线零序电流的投影不仅相位相反，而且数值最大，据此便可检出故障馈线。此种保护方法既不要求测量零序电压，也不需要专用的传感器，只要求用现有的 CT 就足够了。据此原理芬兰研制的接地保护与分散补偿的消弧装置相结合，于 1996 年在 20kV 和 10kV 谐振接地电网中同时投入运行。EDF 集团据此原理开发的 DESIR 保护装置，更是在功率方向保护当中压电网的零序电压不能利用时的进一步发展。

（6）零序电容电流补偿法

利用系统中出现的零序电压，对每一条出线的零序电流进行补偿，补偿的大小为本线路的零序电流的大小，方向为线路流向母线。这样使非故障线路的零序电流为零，而故障线路的零序电流则为所有线路零序电容电流之和或系统经消弧线圈补偿后的零序电流。因此，可以判定，经补偿后零序电流 I_j 为零或近似为零的线路为非故障线路，不为零的线路为故障线路。实现该方法的关键在于准确获得各条被检测线路所需的零序补偿电流。为保证此计算结果的准确性，研究人员提出了三种整定计算方法。该法易在微机保护中实现，且选线性能基本上不受线路长度和过渡电阻的影响。

（7）相间工频电流变化量法

分析发生 $f^{(1)}$ 前后各相电容电流变化特点可知，非故障元件的各相电容电感电流的工频变化量相同，各相之间电容电感电流工频变化量的差值为零；而故障元件的故障相电容电感电流的工频变化量与非故障相电容电感电流的工频变化量的差值，为电网总电容电流的 p 倍。据此，将两相电流的工频变化量的差值与另外一相电流的工频变化量的大小（或一个定值）进行比较，即可构成反映 NES 发生 $f^{(1)}$ 时的相间工频变化量保护。此法无须考虑出线元件的对地电容参数来进行整定，因此其动作灵敏度和可靠性都有较大的提高。

（8）有功分量法

在使用自动跟踪消弧电抗器的 NES 中，非故障线路不与消弧线圈构成低阻抗回路，而故障线路经接地点与消弧线圈构成低阻抗回路，所以其零序电流中包含有流过 R_n 的有功电流（R_n 为与消弧线圈串联的非线性电阻）。显然故障线路的有功电流明显大于非故障线路的，因此通过检测各线路零序电流中有功分量的大小，有功功率最大的线路即为接地线路。

2. 基于谐波的选线方法——5 次谐波电流法

NUGS 发生 $f^{(1)}$ 后，5 次谐波含量增长很快，其在电网中的分布与基波零序电流的分布相似，从而通过比较零序 5 次谐波电流的方向可完成接地保护。此法在 NUS 和 NES 中均适用。当系统中存在谐波污染和弧光引起多次连续过渡过程及高阻接地故障时，此法选线准确性差。在这种情况下，可利用相位重判和小波技术来改善谐波电流接地保护。由于 5 次谐波信号微弱，以及系统母线 PT 和零序 CT 的误差导致了 5 次谐波信号的失真，使得这种传统保护选线方法可靠性不高。

3. 其他方法

（1）最大投影差值法

其原理是通过一个中间参考正弦信号 $\dot{U}_r$（经处理后的 PT 线电压或所用交流电源信号），使得各线路故障前的零序电流 $3\dot{I}_{0i前}$（此时仅有 $\dot{I}_{bp}$）对比故障母线段 h 故障后的 $3\dot{U}_{0h}$ 也能找出相位关系，由此再把所有线路故障前后的零序电流 $3\dot{I}_{0i前}$、$3\dot{I}_{0i后}$ 都投影到 $3\dot{I}_{0f}$（故障线路零序电流）方向。接着，计算出各线路故障前后的投影值之差 ΔI_{0j}，找出差值的最大者 ΔI_{0k}，即

最大 $\Delta(I\sin\varphi)$。显然，当 $\Delta I_{0k}>0$ 时，对应的线路为故障线路，否则为 h 段母线故障。此法本质上是寻找最大零序无功功率突变量的代数值。

最大 $\Delta(I\sin\varphi)$ 原理完全克服了由于 CT 误差引起的不平衡电流的影响，无须现场的零序电流数值整定。对于不同的现场条件，允许用户将现场条件写入控制字，由微机自动选择最合适的判据。该算法在实现过程中有两个缺陷：①需选取一个中间参考正弦信号；②计算量相当大。使用递推离散傅里叶变换（DFT）可减小计算量，并完全可以省去中间参考正弦信号。

（2）残流增量法

残流增量法基本原理：在线路单相永久接地故障下，若增大消弧线圈的失谐度（或改变限压电阻的阻值），则只有故障线路中的零序电流（即故障点的残流）会随之增大。此法原理简单，摆脱了 CT 等测量误差的影响，灵敏度和可靠性高，但此法是以增大接地点电弧为代价的，且在现实中调节消弧线圈的失谐度是很困难的。

7.2.2　基于电网暂态电气量特征的选线方法

（1）零序暂态电流法

对于放射形结构的电网，暂态零序电流与零序电压的首半波之间存在着固定的相位关系。在故障线路上两者的极性相反，而在非故障线路上两者的极性相同，以此可以检出故障线路。此法的特点是对故障反应迅速。由过渡电阻接地、谐波污染、弧光引起的多过渡过程，此法均适用；但在电压过零短路时，暂态过程不明显，此法不适用。要说明的是，此法在环网结构中的选择性问题还有待进一步研究。

（2）能量法

利用接地后零序电流和电压构成能量函数 $S_{0j}(t)=\int_0^t u_0(\tau)i_0(\tau)\mathrm{d}\tau$，$j=1,2,\cdots,n$。非故障线路的能量函数总是大于零，消弧线圈的能量函数与非故障线路极性相同；网络上的能量都是通过故障线路传送给非故障线路的，因此故障线路的能量函数总是小于零，且其绝对值等于其他线路（包括消弧线圈）能量函数的总和。通过比较能量函数的方向和大小可判别接地线路。此法不受负荷谐波源和暂态过程的影响，对于 NES 其灵敏度更高，在低采样率时 $S_{0j}(t)$ 仍具有明确的方向性，易于实现。但此法分析的依据是线性系统中的叠加定理，而电力系统往往是非线性系统，所以此法还有待进一步完善。

（3）小波分析法

利用小波奇异性检测理论对采集到的故障信号进行小波变换，确定模极大值点，并比较各条线路零序电流模极大值的大小和极性，来判别出故障线路。用此法选线不受故障瞬间电压相角及消弧线圈的影响。利用故障瞬间信息，受干扰影响程度小，而且此算法从机理上也能抑制随机小干扰的影响。

7.2.3　其他方法

（1）注入法

人为向系统注入一个特殊信号电流，利用寻迹原理，只有故障线路的故障相才会有此信号电流，从而判断出接地故障线路。此法突破以往大多是利用零序电流作为单相接地选线判据的局限，从根本上解决了两相 CT 架空出现的单相接地选线问题。此法的缺点是仪器接线复杂。

（2）注入变频信号法

比较位移电压与故障相电压的大小，如位移电压较低则从消弧线圈电压互感器注入谐振频率恒流信号，反之则从故障相电压互感器注入，监视各出线零序信号功角、阻尼率，进行故障选线。此法选线精度高，抗高阻接地能力强，从而解决了高阻接地时存在的问题，且易与馈线保护结合为一体，置于开关柜上，实现就地保护与控制。

（3）负序电流法

故障线路基波负序电流比所有非故障线路大，且两者负序电流分量的相位相反，因此通过比较各出线负序电流的大小和方向可完成接地保护。此法抗弧光接地能力强，适合就地安装并满足配电自动化要求。其保护原理不受中性点接地方式的影响，但保护精度却受故障残流大小的影响。此法对绝缘的老化、缓慢破坏直至最后被击穿的故障检测较困难。

（4）利用不对称因素的 u、i 综合选线法

充分考虑系统故障前后的不对称因素，对于 NUS 滞后电压幅值最大相的一相为故障相，对于 NES 超前电压幅值最大相的一相为故障相，据此构成 $U_{\min}$、$U_{\max}$ 判据，选出故障相。根据故障后各线路电阻性分量电流 I_g 的大小，以 I_g 最大的一条线路为故障线路。此法不受负荷大小的影响，对只有两相 CT 的低压网络，可直接使用，并有 2/3 的选线功能。

7.3 故障选线中的小波选取原则探析

7.3.1 小波特性及选取原则

暂态电流中包含着故障突变的重要信息，利用小波变换模极大值可以检测奇异点，提取关键信息。小波变换模极大值与奇异性之间有如下定理：

设 n 是一个严格的正整数，$\theta(t)$ 是一个平滑函数，ψ 是一个紧支撑的 n 次连续可微的小波函数，且 $\psi=(-1)^n\theta^{(n)}$。设 $f(t)\in L^1[a,\ b]$，如果存在 $s_0>0$，使得对任意的 $s<s_0$ 和 $u\in[a,\ b]$，$|Wf(s,\ u)|$没有局部极大值，则对任意的 $\varepsilon>0$，f 在 $[a+\varepsilon, b-\varepsilon]$ 上是一致利 Lipschitz n 的。小波变换具有空间局部化性质，即信号在某点处的小波变换在小尺度下完全由该点附近的局部信息所确定。理论已经证明，小波变换能更好地分析信号奇异点的位置和奇异性的强弱。即，奇异点的位置可以通过跟踪小波变换在细尺度下的模极大值曲线来检测，而信号奇异点奇异性的强弱可由模极大值随尺度参数的衰减性来刻画。

1. 小波特性

（1）消失矩阶数

小波函数 $\psi(t)$ 具有 K 阶消失矩，则满足如下条件：$\int_{-\infty}^{+\infty} t^k\psi(t)\,\mathrm{d}t=0, k=0,1,\cdots,K-1$。由此可见，小波消失矩的特性使得小波函数能够消去信号 K 阶以下的平滑部分，即小波变换只反映信号 K 阶以上的奇异性。这样就能研究高阶变化，有利于检测到较高阶的奇异点。消失矩阶数越高，小波变换后的能量的集中度越强，频域的局部化能力越强，奇异性检测能力越强。通常，随着消失矩阶数的增大，相应分解尺度的模极值点数目也会增加，变换方程变得更复杂，从而使得计算量增加，故实际中需要综合考虑。

（2）支撑长度

小波函数的紧支性是指小波函数在 0 附近的某一区间上不为 0，在这个区间之外均为 0 的

特性。支撑长度是基小波 $\psi(t)$ 收敛到 0 的区间长度。随着时间或频率逐渐趋于无穷大，小波函数和尺度函数逐步收敛，支撑长度表明了其从有限值收敛到零的速度。滤波器长度和局部化特性通过支撑长度来体现，支撑长度越短，针对时域信号的局部分析效果越好。

（3）对称性

设函数 $f(t)\in L^2(\mathbf{R})$，如果满足 $f(a+t)=f(a-t)$，则称 $f(t)$ 具有对称性。

如果满足 $f(a+t)=-f(a-t)$，则称 $f(t)$ 具有反对称性。对称性可以保证滤波器存在线性相位，线性相位能有效抑制信号分析过程中产生的频率叠混、相位失真等问题。

（4）正交性

一般来说，对一个空间里的基 $\{\varphi_j\}$，满足正交条件，即当 $i\neq j$ 时 φ_i、φ_j 的内积为零，就把它叫作这个空间里的正交基。如果更满足规范化条件，即 φ_j 自身的内积是 1，就称为规范正交基。用正交小波经多尺度分解后得到的各子带数据分别落在相互正交的子空间中，使得时间-尺度平面上的系数互不相关，进而消除相邻时刻信号之间的相互影响，正交性越强，冗余性就越低。

2. 小波选取原则

小波变换特别适用于不平稳暂态量的分析。小波变换提供可调节的时间-频率窗，分析高频信号时时窗自动变窄，分析低频信号时时窗自动变宽，小波变换这种独有的变焦距特点能对暂态信号进行更精细的分解。同时，信号在不同尺度上小波变换的模极大值表示信号的突变特征，小波变换能更好地对信号的奇异突变点进行特征提取。传统的傅里叶变换所采用的母函数是唯一确定的正弦和余弦函数，然而小波母函数的选择却具有多样性。基于上面对小波特性的分析，故障选线中小波的选取应遵循如下原则：

（1）较高的消失矩阶数

当小波 $\psi(t)$ 具有较高消失矩时，用小波或尺度函数生成的级数逼近光滑函数，能够取得良好的效果。从数值分析角度来说，高消失矩可以使计算的矩阵更稀疏；从信号检测观测的角度来说，要有效检测出奇异点，小波的消失矩也要有一定的阶数。

（2）较长的支撑长度

在故障选线中，更关注小波分解后的频域信息，对时域要求不高，支撑长度影响着局部化特性，支撑长度越长，越适合频域信号的局部分析。

（3）消失矩阶数的影响远远大于支撑长度的影响

一般说来，一个函数的支集长度与其消失矩阶数是独立的。如果信号有很少的孤立奇异点，在奇异点之间很光滑，应该选择具有高消失矩的小波以使大量的小波系数幅值很小。小波的消失矩特性在信号的奇异性检测中至关重要。

（4）对称性无要求，正交性可以降低冗余

基于小波变换的选线利用的是暂态量信息，对对称性无特殊要求。正交性可以降低冗余，但对利用模极大值判据进行选线的结果并无直接影响。

7.3.2　实验模型及流程图

使用 MATLAB 软件绘制的 10kV 系统仿真模型如图 7-3 所示。该系统采用过补偿，过补偿度为 10%；有 4 条出线，长度分别为 25、7、8、6km。为了更好地反映实际变电站多出线情况，仿真模型中设置了一条较长线路为 25km。配电线路参数为 $R_1=0.1273\Omega/\text{km}$，$R_0=0.3864\Omega/\text{km}$，$L_1=0.9337\text{mH/km}$，$L_0=4.1264\text{mH/km}$，$C_1=12.74\text{nF/km}$，$C_0=7.751\text{nF/km}$。

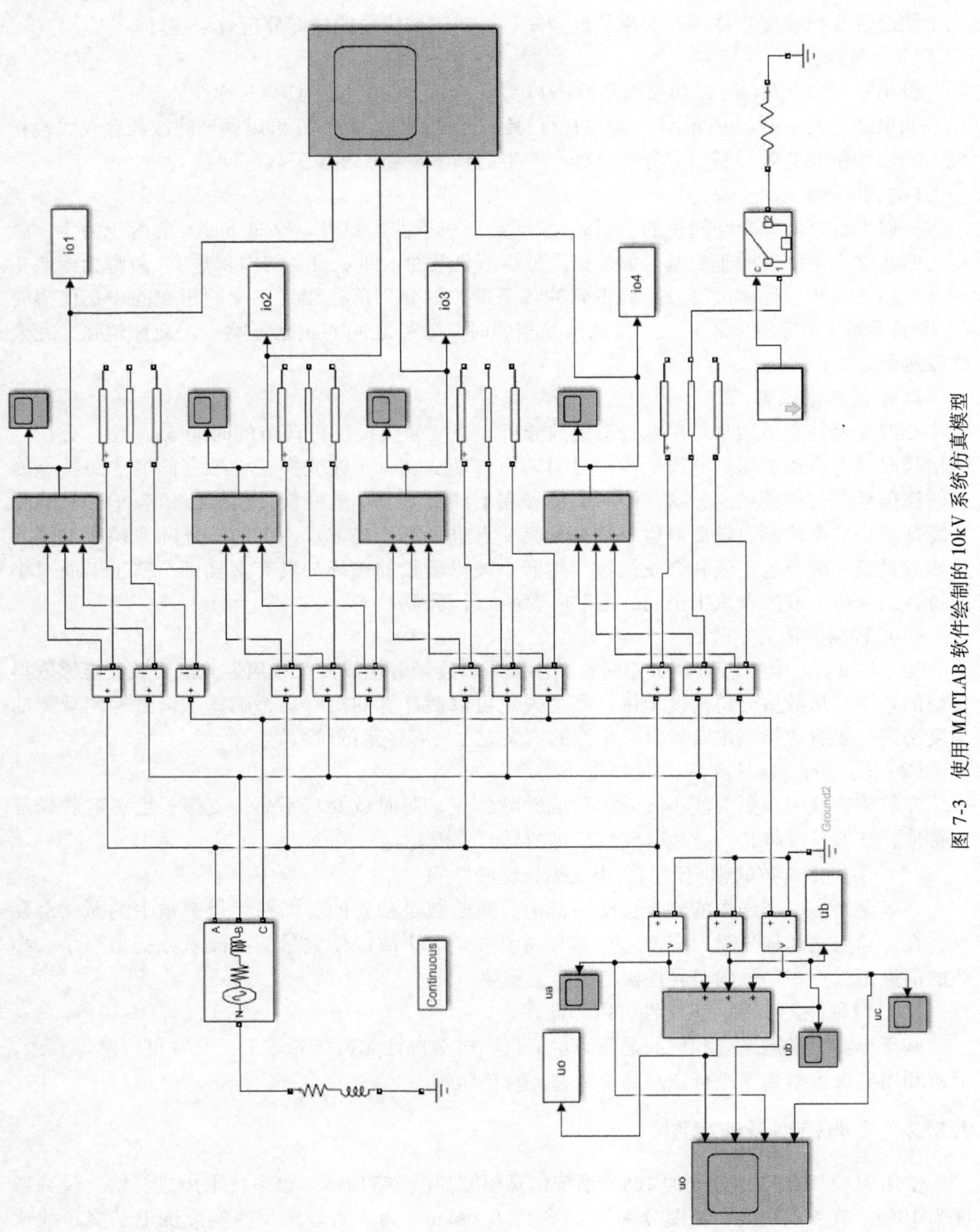

图 7-3　使用 MATLAB 软件绘制的 10kV 系统仿真模型

其中，下标“1”表示正序参数，下标“0”表示零序参数。依据对称分量法，每条线路首端利用三个电流测量模块相加后采集零序电流，母线利用三个电压测量模块相加后采集零序电压，作为系统单相接地故障报警启动信号。用 Timer 模块控制 Breaker 模块模拟故障合闸角，To Workspace 模块实现波形输出以便进行小波分析。其实验流程图如图 7-4 所示。u_0 整定值可设为正常运行时候的系统不平衡电压。

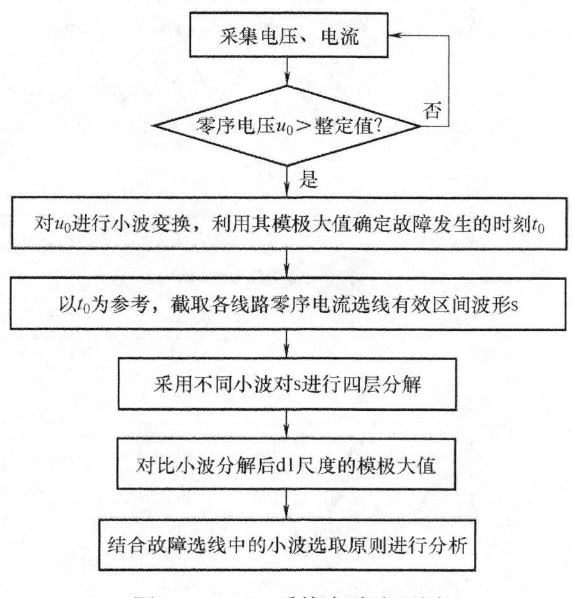

图 7-4　10kV 系统实验流程图

7.3.3　实验记录和对比分析

当线路 4 的 B 相在 $t=0.041\text{s}$ 时候发生单相直接接地短路故障，零序电压和三相电压波形如图 7-5 所示。

对于图 7-5 所示的 u_0，$t=0.041\text{s}$ 之前系统对称运行，无零序分量，一旦发生短路，单相接地导致三相不对称，会产生很大的零序电压，据此可作为单相接地故障报警启动信号。对于图 7-5 所示的 u_b，接地故障相 B 相电压经衰减振荡后降为 0。对于图 7-5 所示的 u_a、u_c，非故障相 A、C 相电压在故障后升高为原来的$\sqrt{3}$倍。

为增加实验难度，下面取接地过渡电阻为 3000Ω，模拟高阻接地故障情况。如图 7-6～图 7-10 所示，s 表示故障线路 4 的原始零序电流波形，d1 表示利用小波对 s 进行四层小波分解后对应 d1 尺度的波形。

1. 实验一　消失矩阶数和支撑长度均增大的比较

（1）波形分析

如图 7-6 所示，采样点 2000～2300 对应的数值非常零乱，经过 haar 小波分解后的模极大值不明显，模极大值的位置也并没有正好对应故障发生的突变时刻，这会导致错误的判断。图 7-7 中，模极大值清晰可见，值约为 1.2，区间［2000，2300］的其他数值很小或直接为零。这意味着即使有干扰也不会影响模极大值的判断，模极大值的位置也正好对应故障发生的突变时刻，据此可以实现准确选线。haar 小波的消失矩阶数和支撑长度均为 1，db10 小波的消失矩阶数为 10、支撑长度为 19。实验结果证明了 7. 3. 1 节的选取原则（1）和（2）——消失矩阶数越高，突变点模极大值奇异性检测效果越好；支撑长度越长，频域信号的局部分析能力越强。

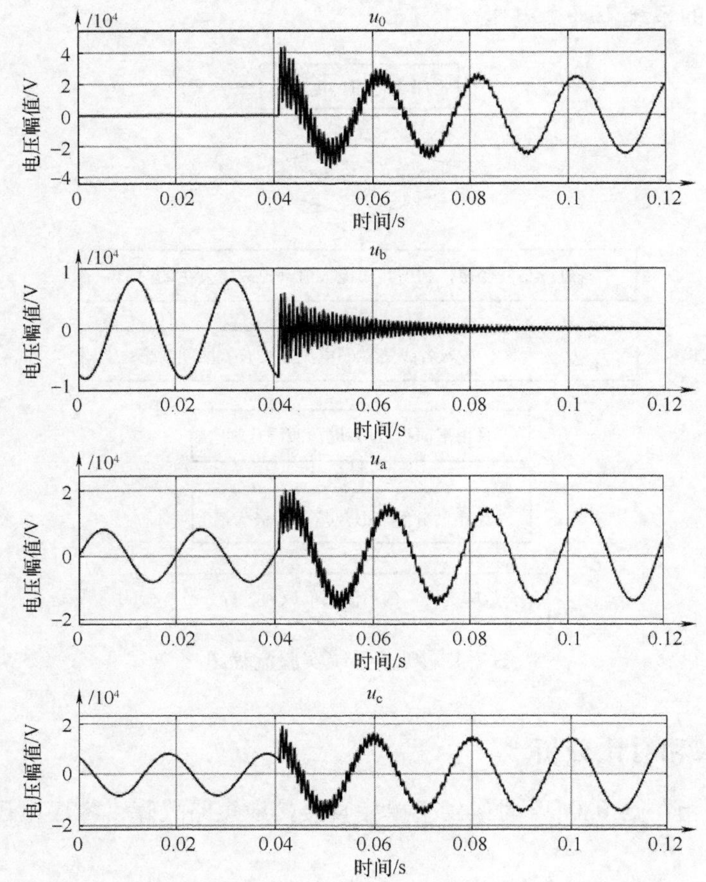

图 7-5　零序电压和三相电压波形

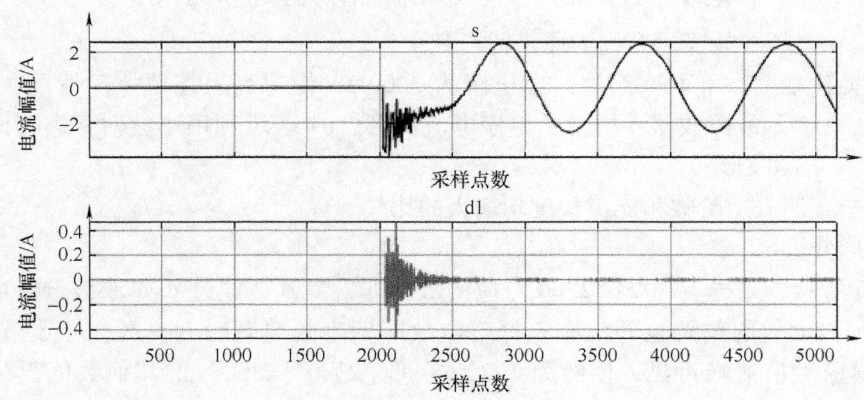

图 7-6　haar 小波分解后波形

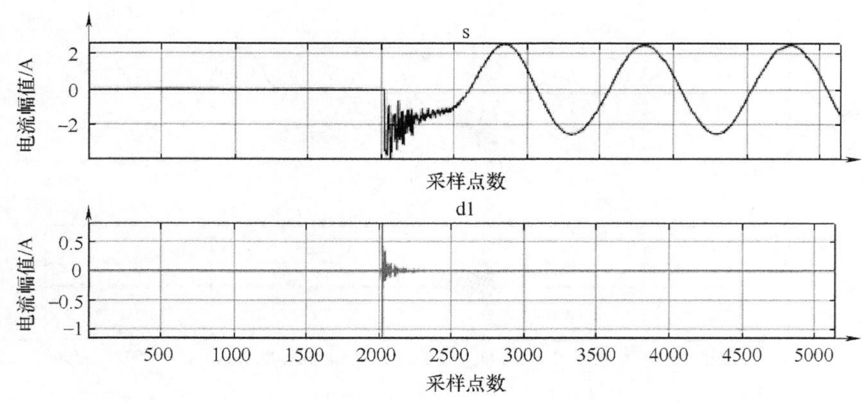

图 7-7　db10 小波分解后波形

（2）实验结论

消失矩阶数越高，支撑长度越长，模极大值数字越大，则效果越好，选线可靠性越高。

2. 实验二　消失矩阶数与支撑长度的影响程度比较

（1）波形分析

如图 7-8 和图 7-9 所示，bior1. 1 和 bior1. 5 小波分解后的波形，对应故障发生的突变时刻都没有出现模极大值，即无法正确判断选线。bior1. 1 和 bior1. 5 小波的消失矩阶数均为 0；bior1. 1 小波的支撑长度为 3，bior1. 5 小波的支撑长度为 11。那么，消失矩一样时，支撑长度的变化对检测结果没有影响。

如图 7-8 和图 7-10 所示，bior3. 1 小波分解后的波形，对应故障时刻出现模极大值，图 7-10 所示的该值约为 1. 2，该极值突出且位置明显，易实现正确选线。bior1. 1 和 bior3. 1 小波的支撑长度一样，均为 3；但两者消失矩阶数不同，bior1. 1 小波为 0，bior3. 1 小波为 2。那么，支撑长度一样，随消失矩阶数增加，bior1. 1 和 bior3. 1 小波检测效果差异很大，显然 bior3. 1 检测效果更好。这证明了 7. 3. 1 节的选取原则（3）——消失矩阶数的影响远远大于支撑长度的影响。

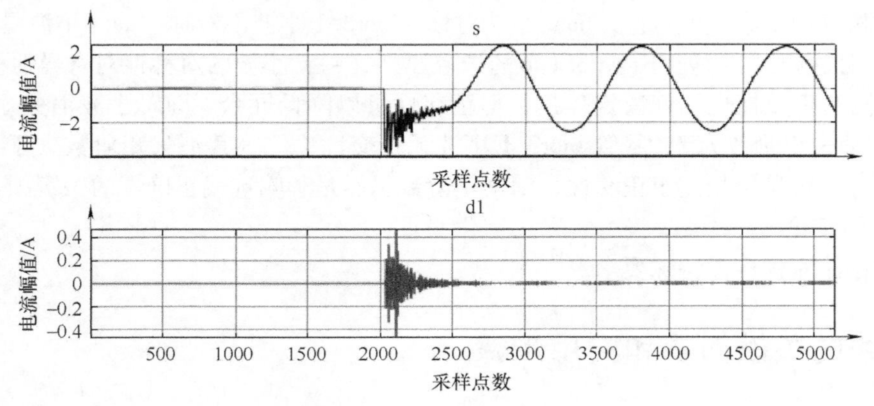

图 7-8　bior1. 1 小波分解后波形

（2）实验结论

相比支撑长度，消失矩阶数是影响模极大值检测结果的关键因素。

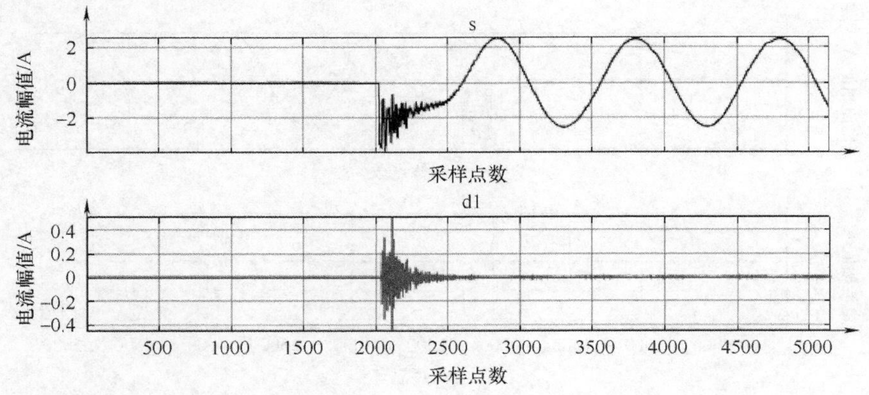

图 7-9 bior1.5 小波分解后波形

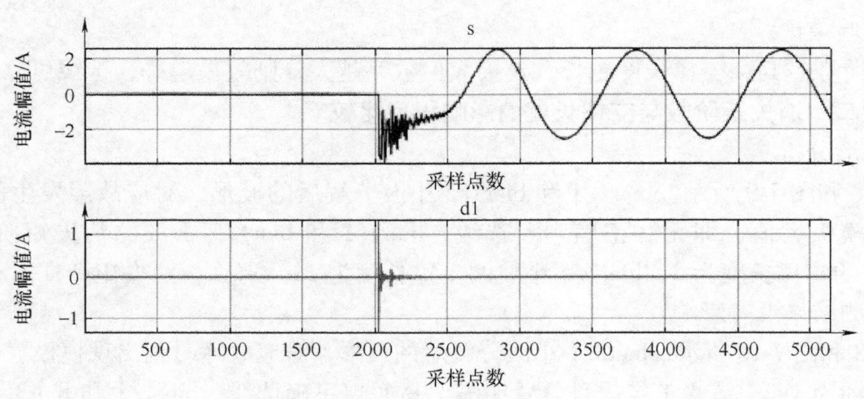

图 7-10 bior3.1 小波分解后波形

3. 实验三 正交性、对称性的影响

（1）波形分析

如图 7-6 和图 7-10 所示，参见上面的分析，检测效果 bior3.1 小波明显优于 haar 小波。下面进一步分析这两个小波的特性，haar 小波对称，bior3.1 小波不对称；haar 小波具有正交性，bior3.1 小波无正交性。这证明了 7.3.1 节的选取原则（4）：小波的对称性对奇异性检测效果影响不大，小波的正交性也不起决定作用，但正交性可以降低冗余。haar 小波消失矩阶数为 1，bior3.1 小波消失矩阶数为 2，尽管 bior3.1 小波无正交性，但因其消失矩阶数大于 haar 小波，检测效果更好。可见，相比于正交性，消失矩阶数仍然是影响选线正确性的关键因素。

（2）实验结论

选线对小波对称性无特殊要求。

7.4 选线的关键问题和实用步骤

1. 关键问题

（1）边界效应

由于所分析的信号对应一定区间，区间以外的地方都认为是零值，这样就会导致边界上的信号经过小波变换后出现明显的突变，这种突变甚至可能超过本身扰动信号奇异点的突变值。针对边界效应，本章采用数据截取的方式来消除。

（2）小波选取

小波正交性可降低冗余，减小各子带数据的相关性，防止信息交叠；小波消失矩阶数越高，则对信号奇异突变检测效果越好，但同时计算复杂性会增大；为保证奇异点检测的灵敏度，滤波器长度不能太短，从而小波正则性要高；小波的对称性对暂态电流的检测影响不大。综合考虑上述因素后，最终确定选择 db6 小波。

（3）分解尺度

利用小波包进行分析时，必须确定合理的分解层数，对信号的频带进行正确的划分，频带宽度的选择与信号频率和采样频率均有关，频带划分不宜过细以防止采样点数过少，也不宜过宽以防止准确性降低。频带划分的原则：尽量使信号的基频位于最低子频带的中心，以限制基频分量对其他子频带的影响。综合考虑后，确定进行 3 尺度小波包分解。

2. 选线步骤和判据

具体的选线步骤和实用选线判据如下：

1）采集零序电压和零序电流数据。

2）利用零序电压实现接地故障报警，确定故障发生时刻 t_0。

3）对各线路零序电流利用 db6 小波进行 3 尺度分解。

4）小波包分解后，提取出特征频带的小波系数，记为 cfs。

5）以 t_0 时刻为参考，确定选线故障区间，进一步提取出 cfs 系数在故障区间的值，记为 cfsqu。

6）判断故障线路，cfsqu 值最大且方向与其他线路相反的线路即为故障线路，相位均相同则判定为母线故障。

7.5　实验仿真研究

7.5.1　实验仿真模型

实验仿真模型如图 7-11 所示，考虑如下几点：

1）中性点不接地系统选线相对容易，故本实验模拟中性点经消弧线圈接地系统，取过补偿度 $p=10\%$。

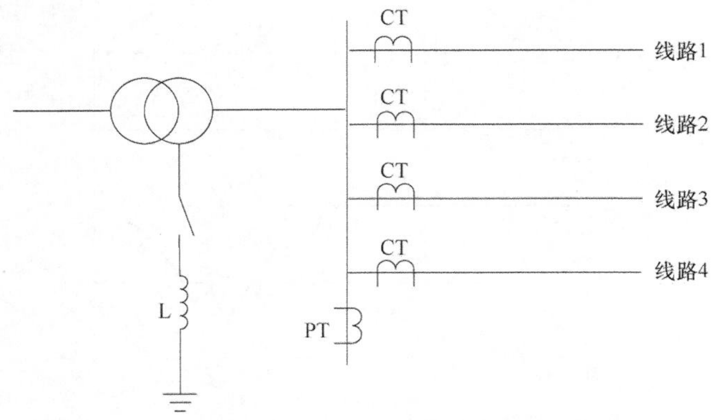

图 7-11　实验仿真模型

2）出线越少，则选线难度越大，故实验仪模拟 4 条出线的情况。

3）配电线路参数为，正序电阻 $R_1=0.1273\Omega/km$，零序电阻 $R_0=0.3864\Omega/km$，正序电抗 $L_1=0.9337mH/km$，零序电抗 $L_0=4.1264mH/km$，正序电容 $C_1=12.74nF/km$，零序电容 $C_0=7.751nF/km$。

4）母线装设电压互感器 PT，获取零序电压作为单相接地故障报警启动信号。

5）每条线路首端装设电流互感器 CT，获取零序电流。

7.5.2 实验一 相电压峰值，直接接地

4 条线路长度依次为 10、8、10、15km，线路 1 的 A 相发生单相直接接地。如图 7-12 所示，故障发生在 A 相相电压峰值时刻。图 7-13 所示为零序电流原始暂态波形，包含了 4 条线路的短路电流波形。由于暂态过程频率成分复杂，根据图 7-13 所示的波形很难辨别出故障线路。图 7-14 所示为零序电流首半波小波包分解波形，是各条线路零序电流经过 7.4 节的步骤处理后得到的小波波形。可以清晰地看到，线路 1 的零序电流 i_{01} 最大，且方向与其他 3 条线路方向相反，故可以正确判断接地故障线路是线路 1。将本章方法与单一的模极大值方法比较，如图 7-15 所示，线路 3 的零序电流 i_{03} 经过小波分解后 d1 尺度的模极大值点（F 处）并没有正好对应原始 i_{03} 波形的首半波突变点位置（E 处），从而会带来误判。

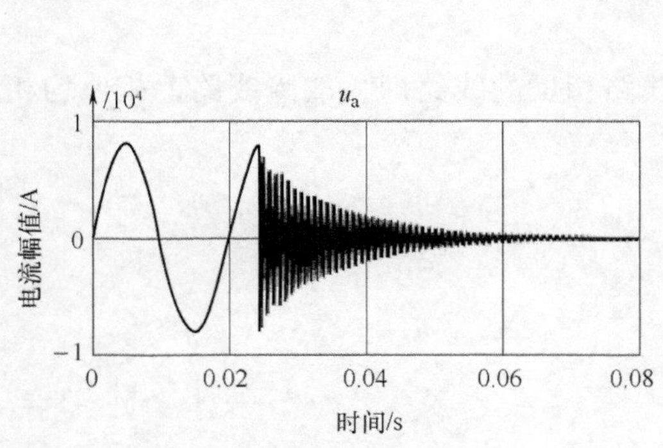

图 7-12 相电压 u_a 波形

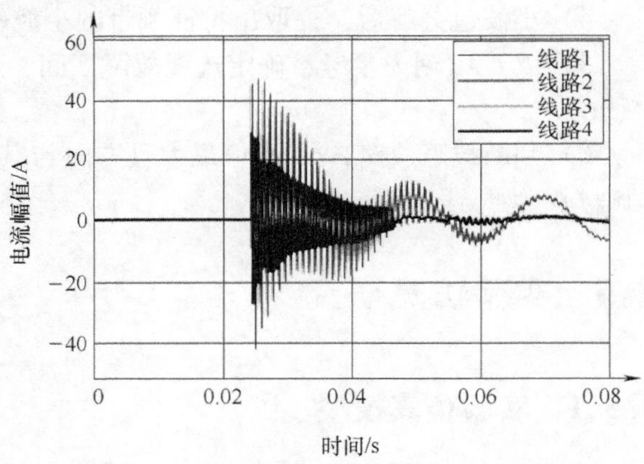

图 7-13 零序电流原始暂态波形

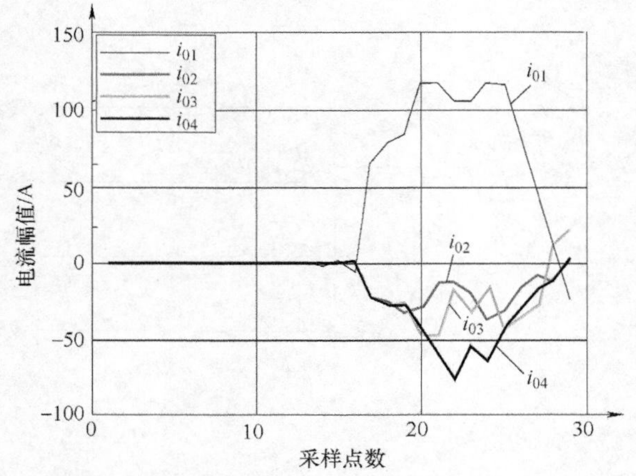

图 7-14 零序电流首半波小波包分解波形

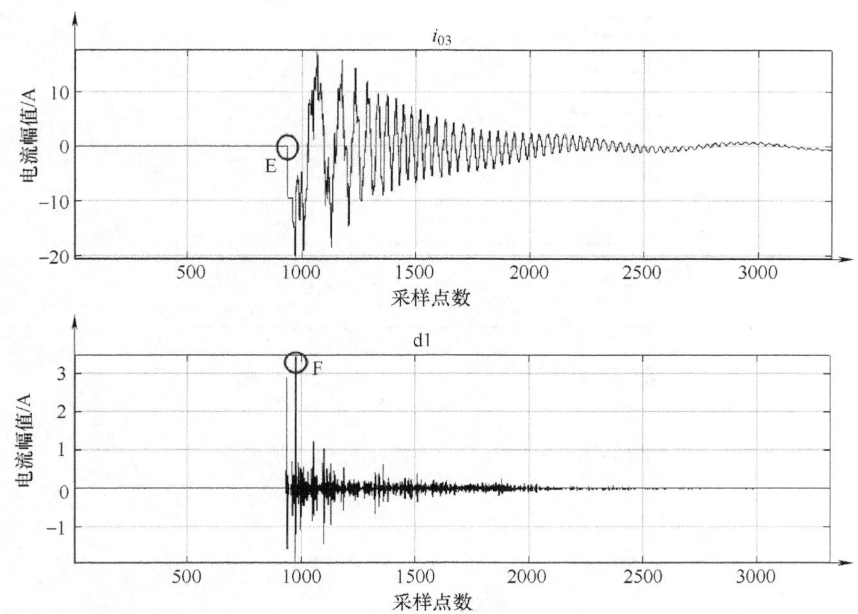

图 7-15 i_{03}原始波形及对应的小波模极大值

7.5.3 实验二 相电压过零时刻短路

增加选线难度，考虑到过零时刻暂态过程不明显，实验二的前提条件与实验一的相同，但线路 1 在 A 相电压过零时刻发生接地故障，如图 7-16 所示。图 7-17 所示的过零时刻短路的电流峰值明显比图 7-13 所示的峰值小了很多。图 7-18 所示的峰值也远小于图 7-14 所示的峰值。但是，根据图 7-18 所示的对首半波进行小波包分解后的波形，仍然能够清晰地看到线路 1的相位与其他线路相反，幅值也最大，故线路 1 为故障线路。将本章方法与单一的模极大值方法比较，限于篇幅，仅列举 i_{02}，如图 7-19 所示。图 7-19 所示的 i_{02}的模极大值点（F 处）并没有正好对应故障突变点（E 处），选线失败。故与传统单一模极大值对比，本章方法提高了选线的可靠性和准确性。

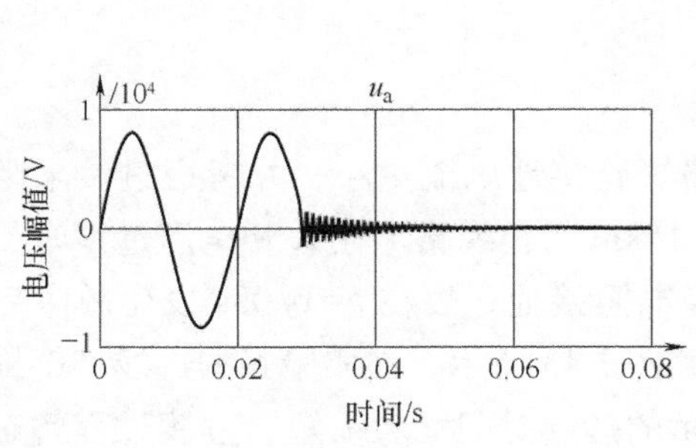

图 7-16 相电压 u_a 波形

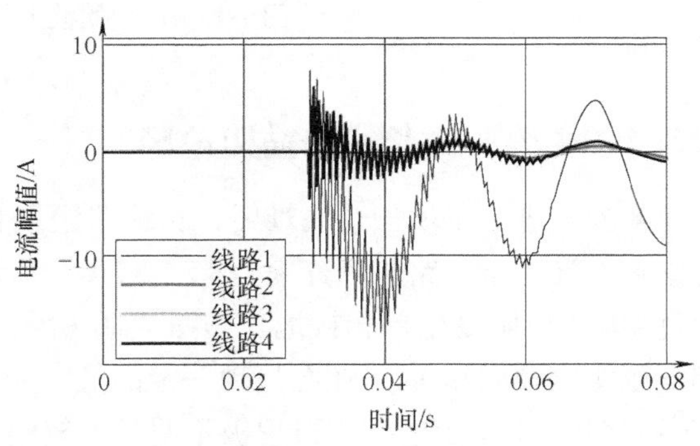

图 7-17 零序电流原始暂态波形

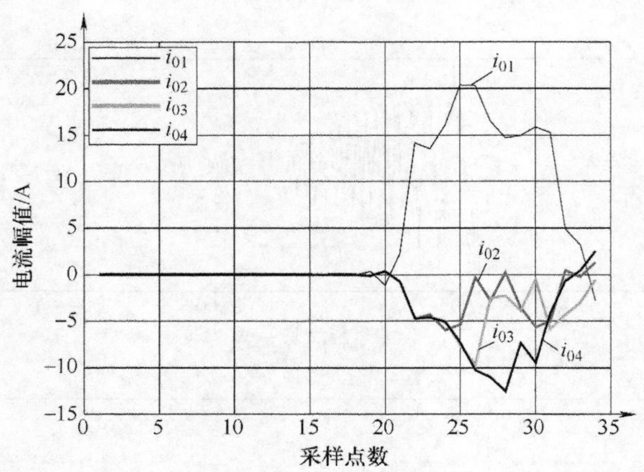

图 7-18 零序电流首半波小波包分解波形

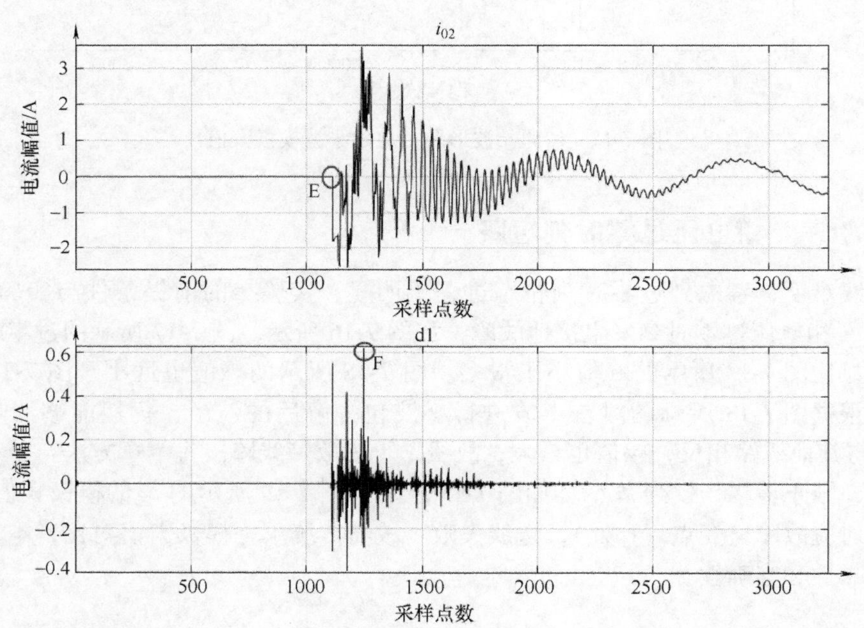

图 7-19 i_{02}原始波形及对应的小波模极大值

7.5.4 实验三 长线路高阻故障

实验三进一步增加选线难度，长线路短路比短线路短路接地电流更小，并考虑过渡电阻的影响。设 4 条线路长度分别为 15、5、6、7km。其中 15km 的长线路 1 在 A 相电压过零时刻经过 400Ω 电阻发生单相接地。如图 7-20 所示，因为经电阻接地，故在 $t=0.03$s 发生故障后相电压 u_a 不为零，而是还会呈现一定的值。如图 7-21 和图 7-13 所示，在实验三的选线难度提高后，图 7-21 所示的暂态过程极不明显，较图 7-13 所示的持续时间大大缩短，过渡过程暂态幅值也大大降低。如图 7-14 和图 7-22 所示，图 7-14 所示的线路 1 的幅值约为 120，图 7-22 所示的线路 1 的幅值约为 8。尽管幅值大大降低，但图 7-22 所示的仍清晰表明了线路 1 幅值最大且与其他线路相位相反，可实现正确选线。

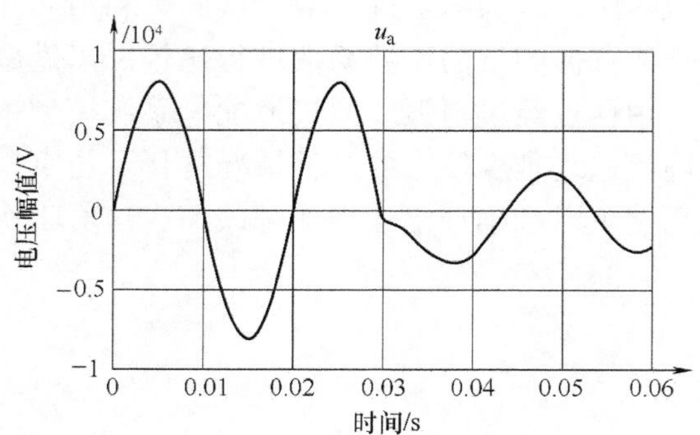

图 7-20　相电压 u_a 波形

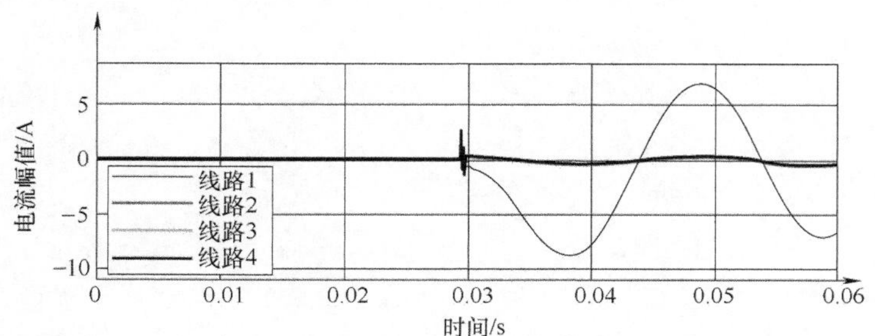

图 7-21　零序电流原始暂态波形

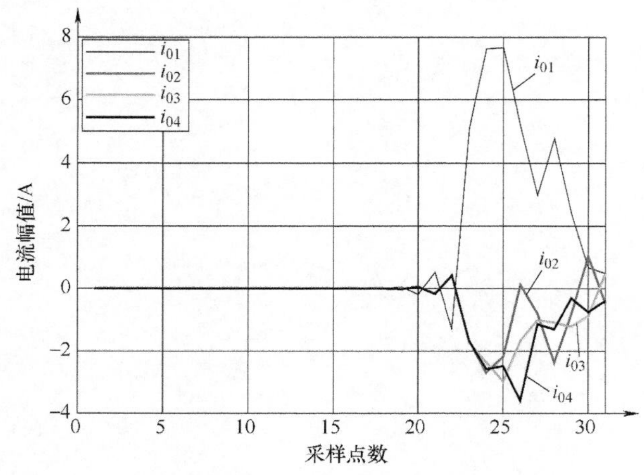

图 7-22　零序电流首半波小波包分解波形

7.5.5　结论

配电网发生单相接地故障后会出现过电压，危及系统绝缘，尽快查找出故障线路对保证系统安全运行意义重大。小波模极大值可以实现暂态电流突变奇异点的检测，然而单一模极大值的判断容易受故障形式、干扰等因素影响，导致误判。本章首先分析了单相接地故障暂态特征，给出了首半波的大小相位关系；基于小波包算法，探究了边界效应、小波选取、分解尺度等几个关键问题；以零序电压为参考确定故障区间，利用 db6 小波对各线路零序电流进行三尺度小波包分解，提取特征频带的小波系数进行比较，幅值最大且相位与其他相异的即为故障线路；之后，搭建中性点经过消弧线圈接地配电系统模型，针对相电压过零时刻短路、高阻接地、长线路故障等选线难度较大的几种情况进行了仿真；实验证明在模极大值判据失效情况下，本章方法仍然可以准确选出接地故障线路，这对于快速排除故障、保证系统安全运行有重要价值。

第 8 章

智能配电网中三段式电流保护

8.1　分布式电源接入对保护检测短路电流的影响

分布式电源（DG）具有节能环保、节省投资、供电灵活等优点，DG 高渗透率接入是未来电网发展的必然趋势。然而，由于 DG 的间歇性和波动性，国标标准 IEEE 1547 明确指出，当电力系统发生故障时，DG 必须马上退出运行。为此，诸多研究文献提出了含 DG 的配电网的相应保护方案。

传统配电网多为单电源辐射状网架结构，短路时候只有一个系统电源向故障点提供短路电流。当大量 DG 接入配电网后，电网变成了多电源结构，短路电流将由系统和 DG 共同提供。其方向将不再是单一的，其大小也会发生改变。这一根本性的变化对原有保护的配合和整定都会带来深刻影响。因此，深入研究 DG 的接入对原有配电网电流的影响至关重要。

8.1.1　短路点位置变化对保护检测电流的影响

DG 接入配电系统，当发生三相短路时，其等效电路最终可以简化成图 8-1 所示的形式。其中，U_{S*}、U_{DG*} 分别对应系统电源和 DG，Z_{S*} 为系统电源阻抗标幺值，Z_{1*} 为 DG 接入点上游线路阻抗标幺值，Z_{2*} 为 DG 接入点至短路点之间的下游线路阻抗标幺值，Z_{DG*} 为 DG 的阻抗标幺值。转移阻抗图如图 8-2 所示。其中，Z_{SK*}、Z_{DGK*} 分别为系统电源和 DG 对短路点的等效转移阻抗，其值为

$$Z_{SK*}=Z_{S*}+Z_{1*}+Z_{2*}+\frac{(Z_{S*}+Z_{1*})Z_{2*}}{Z_{DG*}} \tag{8-1}$$

$$Z_{DGK*}=Z_{DG*}+Z_{2*}+\frac{Z_{DG*}Z_{2*}}{Z_{S*}+Z_{1*}} \tag{8-2}$$

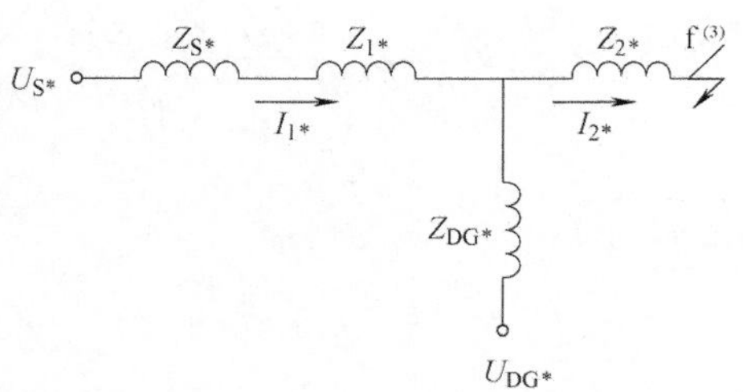

图 8-1　DG 接入后等效电路图

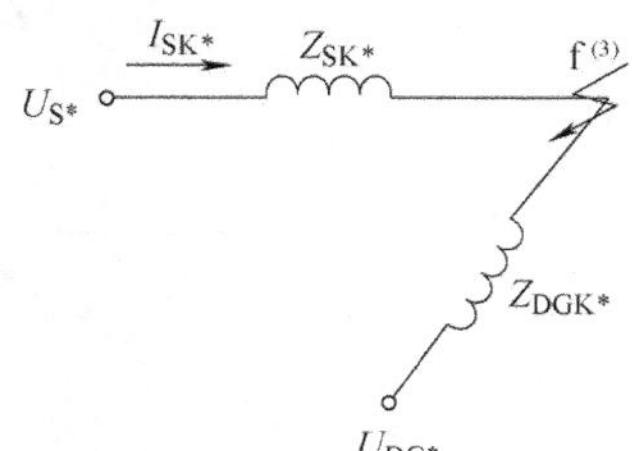

图 8-2　转移阻抗图

未接入 DG 前，有

$$I_{1*}=I_{2*}=\frac{U_{S*}}{Z_{S*}+Z_{1*}+Z_{2*}}=\frac{1}{Z_{S*}+Z_{1*}+Z_{2*}} \tag{8-3}$$

接入 DG 后，系统侧（上游侧）保护检测到的电流变化量为

$$\Delta I=I_{1*}-I_{\mathrm{SK}*}=\frac{1}{Z_{\mathrm{S}*}+Z_{1*}+Z_{2*}}-\frac{1}{Z_{\mathrm{S}*}+Z_{1*}+Z_{2*}+\dfrac{(Z_{\mathrm{S}*}+Z_{1*})Z_{2*}}{Z_{\mathrm{DG}*}}} \tag{8-4}$$

当 DG 容量和接入位置均固定不变，仅短路点位置变化，即式（8-4）中的 $Z_{\mathrm{S}*}$、Z_{1*}、$Z_{\mathrm{DG}*}$ 不变，仅 Z_{2*} 变化，有

$$\frac{\mathrm{d}\Delta I}{\mathrm{d}Z_{2*}}=-\frac{1}{(Z_{\mathrm{S}*}+Z_{1*}+Z_{2*})^2}+\frac{1+\dfrac{Z_{\mathrm{S}*}+Z_{1*}}{Z_{\mathrm{DG}*}}}{\left(Z_{\mathrm{S}*}+Z_{1*}+Z_{2*}+\dfrac{(Z_{\mathrm{S}*}+Z_{1*})Z_{2*}}{Z_{\mathrm{DG}*}}\right)^2} \tag{8-5}$$

令 $\dfrac{\mathrm{d}\Delta I}{\mathrm{d}\,Z_{2*}}=0$，可以求得

$$Z_{2*}=\frac{W(Z_{\mathrm{S}*}+Z_{1*})}{1-W} \tag{8-6}$$

其中

$$W=\frac{Z_{\mathrm{DG}*}}{Z_{\mathrm{S}*}+Z_{1*}}\left[\sqrt{\frac{Z_{\mathrm{S}*}+Z_{*1}+Z_{\mathrm{DG}*}}{Z_{\mathrm{DG}*}}}-1\right] \tag{8-7}$$

此时，ΔI 将出现极大值点。

从上述推导分析可见，随着短路点位置距离 DG 接入点越来越远，DG 接入对系统电源支路保护检测电流的影响并不是单调变化的。在式（8-6）确定的极值点前，DG 接入导致 ΔI 不断增大，电源支路的电流保护灵敏度随之不断降低；在极值点后，DG 接入导致 ΔI 不断减小，电源支路的电流保护灵敏度随之逐渐回升；在极值点处，ΔI 达到最大，电流保护灵敏度将达到最低。

8.1.2 DG 接入位置和容量对保护检测电流的影响

1. 对上游电流的影响分析

设在线路末端发生三相短路，则有

$$I_{1*}=\frac{U_{\mathrm{S}*}}{(Z_{\mathrm{S}*}+Z_{1*})//Z_{\mathrm{DG}*}+Z_{2*}}\,\frac{Z_{\mathrm{DG}*}}{Z_{\mathrm{S}*}+Z_{1*}+Z_{\mathrm{DG}*}}=\frac{U_{\mathrm{S}*}}{Z_{\mathrm{S}*}+Z_{1*}+Z_{2*}+\dfrac{Z_{2*}(Z_{\mathrm{S}*}+Z_{1*})}{Z_{\mathrm{DG}*}}}$$
$$\overset{Z_{1*}+Z_{2*}=Z_{12*}}{=}\frac{U_{\mathrm{S}*}}{Z_{\mathrm{S}*}+Z_{12*}+\dfrac{(Z_{12*}-Z_{1*})(Z_{\mathrm{S}*}+Z_{1*})}{Z_{\mathrm{DG}*}}} \tag{8-8}$$

令

$$y=\frac{(Z_{12*}-Z_{1*})(Z_{\mathrm{S}*}+Z_{1*})}{Z_{\mathrm{DG}*}}\overset{Z_{\mathrm{S}*}\approx 0}{=}\frac{(Z_{12*}-Z_{1*})Z_{1*}}{Z_{\mathrm{DG}*}} \tag{8-9}$$

则

$$\frac{\mathrm{d}y}{\mathrm{d}Z_{1*}}=\frac{Z_{12*}-2Z_{1*}}{Z_{\mathrm{DG}*}} \tag{8-10}$$

显然，当 $Z_{1*}=\frac{1}{2}Z_{12*}$时，有$\frac{\mathrm{d}y}{\mathrm{d}Z_{1*}}=0$。

因此，得到 DG 接入位置对上游电流 I_1的影响，分析可知如下两点：

1）当 DG 从系统电源到短路点的线路中间位置接入时，上游电流将达到最小值，此时灵敏度最低，拒动的可能性最大。

2）DG 容量大小仅影响电流的幅值大小，而不会改变幅值点出现的位置（仍在线路中间位置），DG 容量增大，则电流更小，灵敏度更低。

2. 对下游电流的影响分析

三相短路仍然发生在线路末端，再来分析 DG 接入位置和容量对下游电流 I_2 的影响，为简化推导，认为系统是无穷大电源供电系统，$Z_{S*}=0$，故有

$$
\begin{aligned}
I_{2*} &= \frac{U_{S*}}{Z_{1*}//Z_{DG*}+Z_{2*}} = \frac{U_{S*}}{\frac{Z_{1*}Z_{DG*}}{Z_{1*}+Z_{DG*}}+(Z_{12*}-Z_{1*})} \\
&= \frac{U_{S*}}{\frac{Z_{1*}Z_{DG*}+(Z_{12*}-Z_{1*})(Z_{1*}+Z_{DG*})}{Z_{1*}+Z_{DG*}}} = \frac{U_{S*}}{Z_{12*}-\frac{Z_{1*}^{2}}{Z_{1*}+Z_{DG*}}}
\end{aligned}
\tag{8-11}
$$

令

$$
y=\frac{Z_{1*}+Z_{DG*}}{Z_{1*}^{2}}=\frac{1}{Z_{1*}}+\frac{Z_{DG*}}{Z_{1*}^{2}} \tag{8-12}
$$

则

$$
\frac{\mathrm{d}y}{\mathrm{d}Z_{1*}}=-\frac{1}{Z_{1*}^{2}}-2\,Z_{DG*}\frac{1}{Z_{1*}^{3}} \tag{8-13}
$$

可见 DG 接入位置对下游电流 I_2的影响随线路长度 Z_1是单调变化的，分析可知如下两点：

1）随着 Z_1的增加，DG 接入位置距离系统电源点越远，即距离短路点越近时，则 I_2越大，误动可能性增加。

2）接入 DG 的容量越大，表明渗透率越高，则对保护检测到的电流影响也越大。

8.1.3　实验研究

1. 实验仿真模型

使用 MATLAB 软件绘制的带 DG 系统仿真模型如图 8-3 所示，单位长度线路参数为 $R=0.013\Omega/\mathrm{km}$，$L=0.9337\times10^{-3}\mathrm{H/km}$，$C=12.74\times10^{-9}\mathrm{F/km}$，容量 Load 为 2.5MV · A。通过调节线路长度参数可以实现 DG 的不同接入位置和短路故障位置。在线路的不同位置设置电流监控点，利用 Fourier 和 Scope 等模块实现检测。从继电保护的角度思考，主要考虑故障发生时 DG 提供的短路电流大小，因此本章的 DG 用电压源串联阻抗的简化模型来表示，它可以较好地代表 DG 对故障点的电流注入能力。

2. 实验波形及其分析

（1）实验一　仅短路位置变化

按照渗透率不超过 10%确定允许接入的 DG 容量为 0.25MV · A 不变，DG 接入位置在距离系统电源端 3km 处，线路总长为 10km。短路发生在 DG 下游线路上的不同位置时，对电流

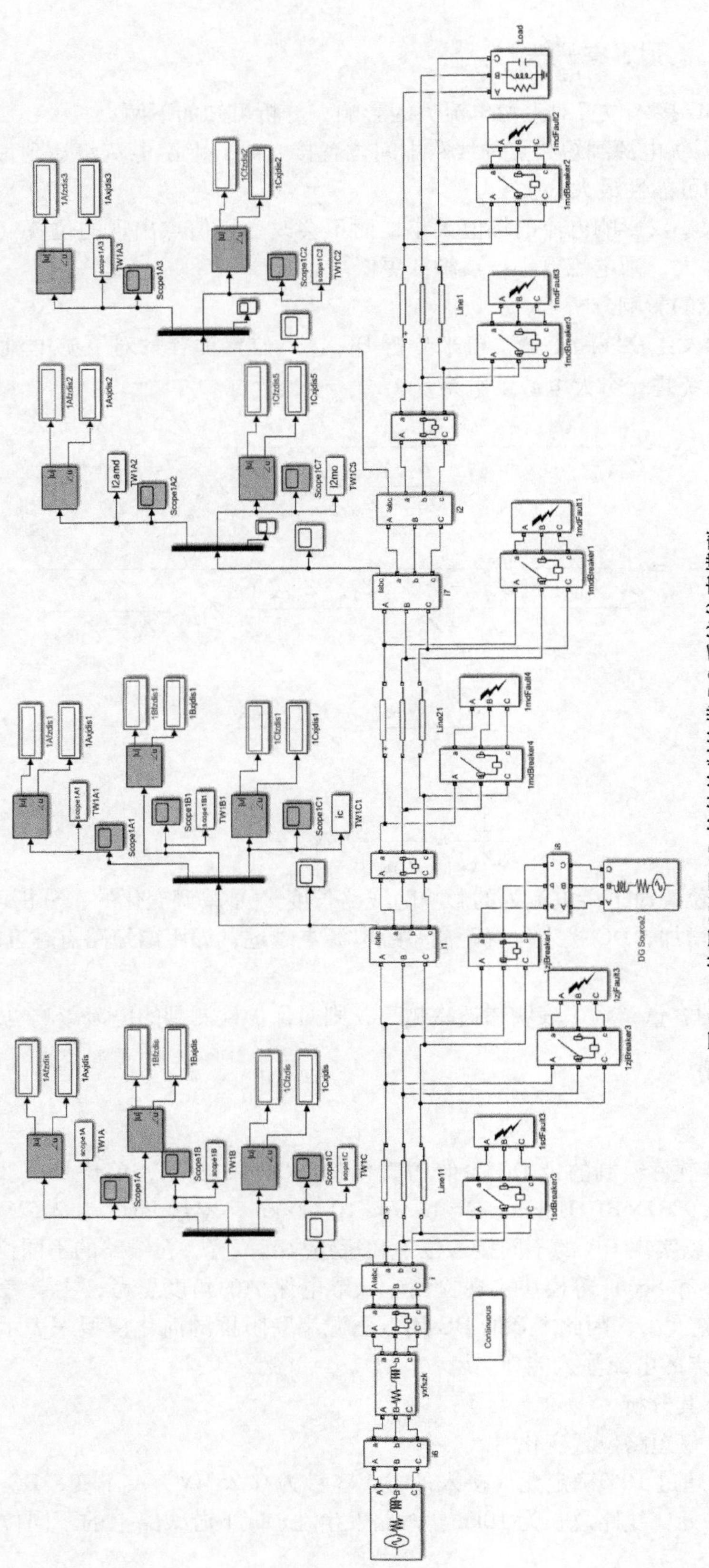

图 8-3 使用 MATLAB 软件绘制的带 DG 系统仿真模型

保护灵敏度的影响可以依据8.2节的分析获知。如图8-4所示，横坐标表示三相短路发生在线路的位置，纵坐标表示DG接入前后流过电源出口保护的电流差值ΔI_*。可见，当三相短路发生在线路4.1km处时，ΔI_*出现极大值点；当在DG接入点到4.1km之间线路发生三相短路时，ΔI_*急剧增加，说明DG对系统电源支路电流的影响急增；当在4.1km至线路末端10km之间线路发生三相短路时，ΔI_*缓慢减小，说明DG对系统电源支路电流的影响越来越小。

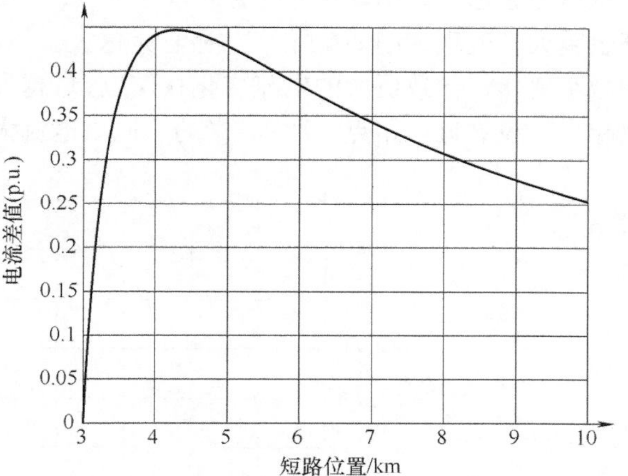

图8-4　ΔI_*与短路位置的关系

（2）实验二　DG接入位置和容量变化对上游电流的影响

设短路位置不变，发生在线路末端10km处。当DG容量分别取0.2MV·A和0.25MV·A时候，从线路的不同位置接入，相应的i_{1C}与DG接入位置关系曲线如图8-5所示。纵坐标i_{1C}是流过DG上游保护1的C相电流幅值，横坐标表示DG接入线路的位置。可见，DG从电源到短路点中间位置接入时，上游电流值降为最低，DG容量越大，上游电流值下降越多，但极值点位置仍在中间位置。同时，还可以看到上游电流的变化率随DG位置变化的情况：在极值点处，当DG位置变动时，电流变化的速率最小；当DG向系统电源端或故障点移动时候，曲线斜率越来越大，反应为电流随DG位置的变化率逐渐增大，即微小的DG位置变化，也可能导致很大的电流值下降；对比不同DG容量下的绿蓝两线，DG容量越大，电流变化率影响越大。

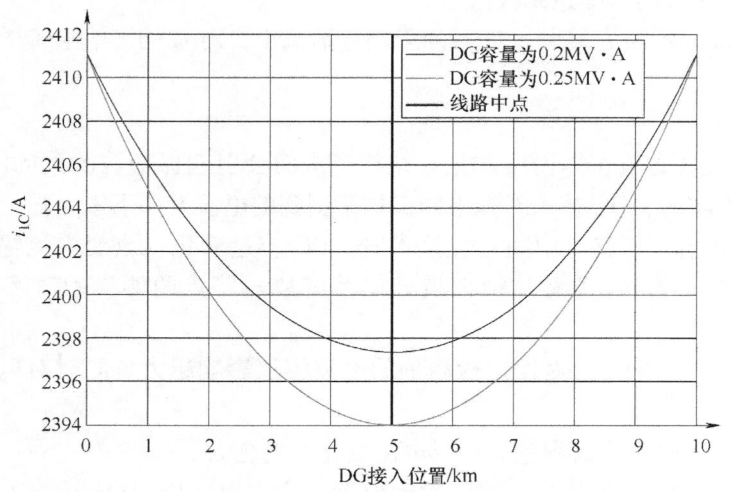

图8-5　i_{1C}与DG接入位置关系曲线

（3）实验三　DG接入位置和容量变化对下游电流的影响

设短路位置不变，发生在线路末端10km处。当DG容量分别取0.2MV·A和0.25MV·A时候，从线路的不同位置接入，相应的i_{2C}与DG接入位置关系曲线如图8-6所示。纵坐标i_{2C}

是流过 DG 下游保护 2 的 C 相电流幅值，横坐标表示 DG 接入线路的位置。可见，当 DG 距离系统电源越远，即图 8-6 所示的横坐标越大，i_2 越大；同时，DG 位置变化所导致的电流变化率也越大，表现为图 8-6 所示的横坐标越大，斜率也越大。即，DG 越靠近短路点，DG 位置的微小变化将导致更大的电流变化；DG 容量越大，曲线越陡，电流值越大，电流变化率影响也越大；越靠近短路点，DG 容量的不同对电流大小和变化率的影响越明显。

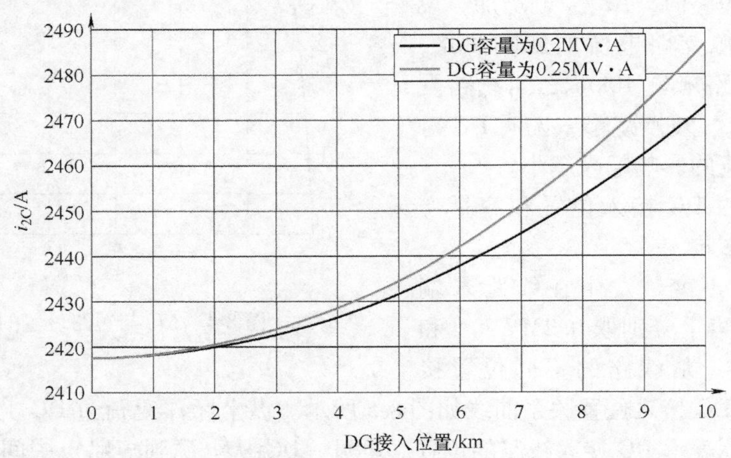

图 8-6 i_{2C}与 DG 接入位置关系曲线

综上，考虑 DG 对上下游电流的影响，可分析 DG 最佳并网位置。

1）$L=0$：i_1 最大，i_2 最小，那就是坐标原点，即为集中式供电方式。

2）$0<L<5\text{km}$：随 L 增加，对 i_1 和 i_2 的影响都逐渐增大。

3）$L=5\text{km}$：对 i_1 的影响达到极大值。

4）$5\text{km}<L<10\text{km}$：随 L 增大，对 i_1 的影响逐渐减小，对 i_2 的影响继续增大。

8.1.4 结论

DG 的接入改变了原有配电网络的拓扑结构，进而会引起保护检测到的电流值发生变化。综合上述的分析和实验，DG 接入对配电网保护检测到的电流有如下影响：

1）当 DG 从电源到短路点中间位置接入时，DG 容量变化仅改变电流幅值，而极值点位置始终在中间位置；当 DG 位置从极值点处向系统或短路点两侧移动时，电流变化率逐渐增大。

2）DG 容量越大，则不仅对保护检测到的电流幅值影响越大，同时对电流变化率影响也越大。

3）DG 越靠近短路点，其容量大小对电流变化影响越大。

考虑 DG 容量、DG 接入位置、故障发生位置三个因素，DG 接入后对电流的影响分析见表 8-1。

大量 DG 的并网运行是未来电力系统发展的重要方向，然而 DG 的接入深刻影响着网架结构和短路电流分布，这也使得配电网的继电保护面临新的挑战。针对 DG 接入引起保护检测电流值的变化，进而影响原有保护灵敏度的问题。本节重点探析了 DG 容量、DG 接入位置、短路发生位置三个因素对短路电流的影响。固定 DG 容量和并网位置时，通过求解转移阻抗，利用单位电流法求解短路电流，本节详细探讨了短路位置变化与 DG 影响程度之间的关系，推导出了极值点计算公式；重点分析了固定 DG 容量和短路位置时，DG 的并网位置对上下游电流的影响，给出了 DG 位置变化对保护电流检测影响的特性曲线，清晰说明了 DG 并网位置对保护灵敏度的影响情况。

表 8-1　DG 接入后对电流的影响分析

序号	DG 容量	DG 接入位置	故障发生位置	结论
1	不变	不变	变化	按式（8-6）确定极值点，极值点位置前短路，DG 影响剧增；极值点位置后短路，DG 影响减缓
2	不变	变化	不变	从系统电源到短路点的线路中间位置处接入 DG 时，上游电流将达到最小值；DG 对下游电流的影响是单调变化的，越靠近短路点，电流影响越大
3	变化	不变	不变	DG 容量越大，则对电流的影响也越大

当短路位置发生变化时，短路点沿着 DG 下游线路移动时，电流的变化量会存在一个极值点，极值点前 DG 接入对下游电流的助增作用急剧增加，极值点后逐渐变缓。当 DG 接入位置发生变化时，DG 从系统电源到短路点的线路中间位置处接入时，上游保护灵敏度最低，拒动的可能性最大；DG 对下游电流的影响是随线路长度单调增加的。当 DG 容量发生变化时，接入 DG 的容量越大，则系统渗透率越大，对电流大小和变化率的影响越明显。本节的研究，对 DG 并网位置的选择和含 DG 的配电网继电保护整定，提供了重要的参考依据。

8.2　配电网三段式电流保护原理

我国配电网普遍采用经典的三段式电流保护，即电流速断保护（Ⅰ段）、限时电流速断保护（Ⅱ段）、定时限过电流保护（Ⅲ段）。

1. 电流速断保护（Ⅰ段）

（1）动作电流整定

电流速断保护按照躲过下一条线路出口处短路的条件来整定，动作电流值为

$$I_{1\mathrm{set(I)}}=k_{\mathrm{rel}}^{\mathrm{I}}I_{\mathrm{k1.max}}^{(3)} \tag{8-14}$$

式中，$I_{\mathrm{k1.max}}^{(3)}$为最大运行方式下本线路末端三相短路电流值；$k_{\mathrm{rel}}^{\mathrm{I}}$为电流速断保护可靠系数，一般取值为 1.2~1.3。可靠系数的取值考虑非周期分量的影响，实际的短路电流可能大于计算值，保护装置的实际动作值可能小于整定值和一定的裕度等因素。另外，式（8-14）中的下标“1”表示本线路。

（2）保护范围的校验

在已知保护的动作电流后，大于一次动作电流的短路电流对应的短路点区域，就是保护范围。保护范围随运行方式、故障类型的变化而变化，最小的保护范围在系统最小运行方式下两相短路时出现。一般情况下，应按这种运行方式和故障类型来校验保护的最小范围，要求大于被保护线路全长的 15%~20%。保护的最小范围计算式为

$$I_{1\mathrm{set(I)}}=I_{\mathrm{k.Lmin}}=\frac{\sqrt{3}}{2}\frac{E_{\varphi}}{Z_{\mathrm{s.max}}+z_1L_{\min}} \tag{8-15}$$

式中，E_{φ}为系统等效电源的相电动势；$Z_{s.max}$为最小运行方式下保护安装处到系统等效电源之间的阻抗；L_{min}为电流速断保护的最小保护范围长度；z_1为线路单位长度的正序阻抗。

（3）保护动作时间

速断保护的动作时间取决于继电器本身固有的动作时间，一般小于10ms。考虑到线路中避雷器的放电时间为40~60ms，一般加装一个动作时间为60~80ms的保护出口中间继电器。这样可以一方面提供延时，另一方面扩大触点的容量和数量。

2. 限时电流速断保护（Ⅱ段）

（1）动作电流整定

由于有选择性的电流速断保护不能保护本线路的全长，因此可考虑增加一段带时限动作的保护，用来切除本线路上速断保护范围以外的故障，同时也能作为速断保护的后备，这就是限时电流速断保护。对这个保护的要求，首先是在任何情况下能保护本线路的全长，并且具有足够的灵敏性；其次是在满足上述要求的前提下，力求具有最小的动作时限；在下级线路短路时，保证下级保护优先切除故障，满足选择性要求。动作电流整定值为

$$I_{1set(Ⅱ)} = k_{rel}^{Ⅱ} I_{2set(Ⅰ)} = k_{rel}^{Ⅱ} k_{rel}^{Ⅰ} I_{k2.max}^{(3)} \tag{8-16}$$

式中，$k_{rel}^{Ⅱ}$为限时电流速断保护的可靠系数，一般取1.1~1.2；$I_{2set(Ⅰ)}$为线路2的Ⅰ段的整定值；$k_{rel}^{Ⅰ}$为电流速断保护可靠系数；$I_{k2.max}^{(3)}$为最大运行方式下线路2末端三相短路电流值。另外，式（8-16）中的下标“2”表示线路1的相邻下一条线路。

（2）灵敏性校验

为了能够保护本线路的全长，限时电流速断保护必须在系统最小运行方式下，线路末端发生两相短路时，具有足够的反应能力，这个能力通常用灵敏系数$K_{sen}^{Ⅱ}$来衡量，计算方法如下：

$$K_{sen}^{Ⅱ} = \frac{I_{k1.min}^{(2)}}{I_{1set(Ⅱ)}} \geqslant 1.5 \tag{8-17}$$

式中，$I_{k1.min}^{(2)}$为最小运行方式下线路1末端两相短路电流值。

（3）保护动作时限

当灵敏系数不能满足要求时，那就意味着将来真正发生内部故障时，由于不利因素的影响保护可能启动不了，达不到保护线路全长的目的，这是不允许的。为了解决这个问题，通常都是考虑降低限时电流速断的整定值，使之与下级线路的限时电流速断相配合，因此Ⅱ段的动作时限$t_1^{Ⅱ}$应该选择的比下级线路速断保护的动作时限$t_2^{Ⅰ}$高出一个时间阶梯Δt，即

$$t_1^{Ⅱ} = t_2^{Ⅰ} + \Delta t \tag{8-18}$$

式中的Δt通常取值为0.5s。

3. 定时限过电流保护（Ⅲ段）

（1）动作电流的整定

作为下级线路主保护拒动和断路器拒动时的远后备保护，同时作为本线路主保护拒动时的近后备保护，也作为过负荷时的保护，一般采用过电流保护。过电流保护通常是指其启动电流按照躲开最大负荷电流来整定的保护，当电流的幅值超过最大负荷电流值时启动。定时限过电流保护的动作电流整定值为

$$I_{1set(Ⅲ)} = \frac{k_{rel}^{Ⅲ} k_{ss}}{k_{re}} I_{Lmax} \tag{8-19}$$

式中，$k_{rel}^{Ⅲ}$为Ⅲ段的可靠系数，一般取 1.15～1.25；k_{ss}为自启动系数，数值大于 1，应由网络具体接线和负荷性质确定；k_{re}为电流继电器的返回系数，一般取 0.85～0.95；I_{Lmax}为正常运行时的最大负荷电流。

由式（8-19）可见，当返回系数 k_{re}越小时，则过电流保护的动作电流越大，保护的灵敏性就越差，所以要求过电流继电器应有较高的返回系数。

（2）灵敏度校验

过电流保护的灵敏系数的校验，采用下面灵敏系数 K_{sen}的计算公式：

$$K_{sen}=\frac{\text{保护范围内发生金属性短路时故障参数的计算值}}{\text{保护装置的动作参数值}}$$

当过电流保护作为本线路的主保护时，应采用最小运行方式下本线路末端两相短路时的电流进行校验，要求 $K_{sen}^{Ⅲ}\geqslant 1.5$；当作为相邻线路的后备保护时，则应采用最小运行方式下相邻线路末端两相短路时的电流进行校验，此时要求 $K_{sen}^{Ⅲ}\geqslant 1.2$。此外，在各个过电流保护之间，还必须要求灵敏系数互相配合。即，对同一故障点而言，要求越靠近故障点的保护应具有越高的灵敏系数。

（3）保护动作时限

定时限过电流保护的动作时限与短路电流的大小无关，保护启动后出口动作时间是固定的整定时间，其整定遵循逆向阶梯原则确定。

8.3 不同短路位置，DG 对三段式电流保护的影响分析

8.3.1 典型 10kV 配电网络

典型 10kV 配电网络如图 8-7 所示，线路 AB、BC、CD 各段长均为 5km，AE、EF 各段长均为 4km，线路阻抗参数为 $R=0.013\Omega/\text{km}$，$L=0.9337\times10^{-3}\text{H/km}$，$C=12.74\times10^{-9}\text{F/km}$。线路 1 所带容量 Load_1 为 1MV · A，线路 2 所带容量 Load_2 为 1.5MV · A。

假设 DG 固定从 B 母线接入，下面分析当在不同位置发生短路故障时，DG 的接入对系统原有三段式保护的选择性、灵敏性的影响。

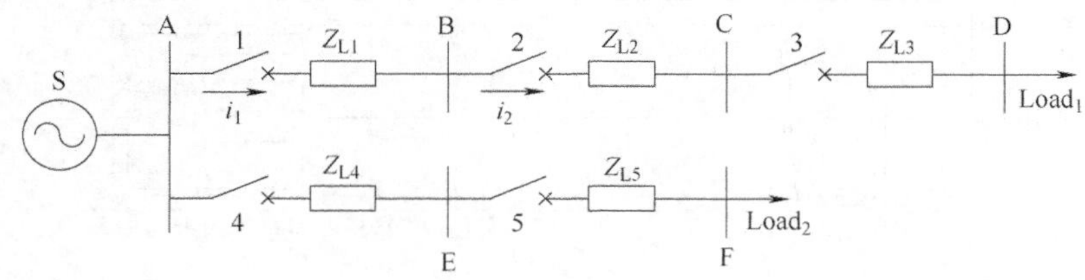

图 8-7 典型 10kV 配电网络

8.3.2 DG 下游线路发生短路

如图 8-7 所示，线路 2 末端 $t=0.1\text{s}$ 时候发生三相短路。

1. 分析对保护 2 的影响

未接入 DG 时，流过保护 2 的三相短路电流为

$$\dot{I}_{2前}=\frac{\dot{E}_S}{Z_S+Z_{L1}+Z_{L2}} \tag{8-20}$$

接入 DG 后，保护 2 检测到的短路电流为

$$\dot{I}_{2后}=\frac{\dot{E}_S}{(Z_S+Z_{L1})//Z_{DG}+Z_{L2}} \tag{8-21}$$

显然，式（8-21）较式（8-20）多并联了一个 DG 的等值阻抗 Z_{DG}，故 $I_{2后}>I_{2前}$，这样有可能导致 DG 下游保护 2 的误动作。理论上，线路 2 末端短路应该保护 2 的Ⅱ段动作切除故障，但随着 DG 容量的不断增大。实验中，当 DG 容量为 7. 6MV · A 时候，流过保护 2 的实测电流 i_{2C} 值将大于其Ⅰ段的整定值 $I_{2set(Ⅰ)}$，结果是保护 2 的Ⅰ段速断误动了，如图 8-8 所示。这样当 L3 首端短路时，将会导致停电范围扩大。图 8-9 所示的电流值的关系，是此时流过保护 2 的 A、C 相电流幅值 i_{2A}、i_{2C} 与保护 2 的Ⅰ、Ⅱ、Ⅲ段的整定值 $I_{2set(Ⅰ)}$、$I_{2set(Ⅱ)}$、$I_{2set(Ⅲ)}$ 之间的关系。

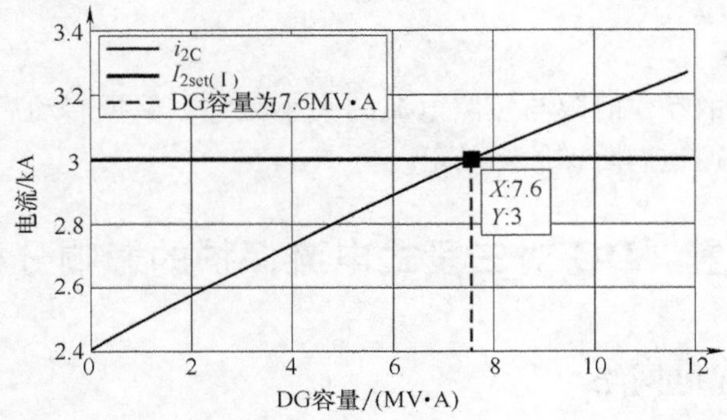

图 8-8　i_{2C}、$I_{2set(Ⅰ)}$ 与 DG 容量的关系

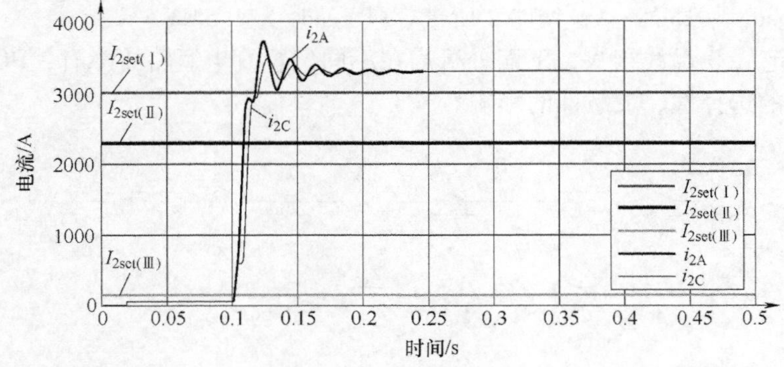

图 8-9　保护 2 的Ⅰ、Ⅱ、Ⅲ段的整定值及 A、C 相电流值的关系

下游短路时候，保护 2 的Ⅰ段选择性要求是关键，未接入 DG 时，保护 2 的Ⅰ段的整定值为

$$I_{set.2}^{Ⅰ}=1.2\frac{\dot{E}_S}{Z_{Smin}+Z_{L1}+Z_{L2}} \tag{8-22}$$

接入 DG 后，最大运行方式下 L2 末端三相短路，要想 DG 的接入不导致误动，则依据保护选

择性应满足下式：

$$\frac{\dot{E}_{\mathrm{S}}}{(Z_{\mathrm{Smin}}+Z_{\mathrm{L1}})//Z_{\mathrm{DG}}+Z_{\mathrm{L2}}}<I_{\mathrm{set.2}}^{\mathrm{I}} \tag{8-23}$$

2. 分析对保护 1 的影响

接入 DG 后流过保护 1 的电流为

$$\dot{I}_{1后}=\frac{\dot{E}_{\mathrm{S}}}{(Z_{\mathrm{S}}+Z_{\mathrm{L1}})//Z_{\mathrm{DG}}+Z_{\mathrm{L2}}}\frac{Z_{\mathrm{DG}}}{Z_{\mathrm{S}}+Z_{\mathrm{L1}}+Z_{\mathrm{DG}}}=\frac{1}{Z_{\mathrm{S}}+Z_{\mathrm{L1}}+Z_{\mathrm{L2}}\left(1+\dfrac{Z_{\mathrm{S}}+Z_{\mathrm{L1}}}{Z_{\mathrm{DG}}}\right)} \tag{8-24}$$

可见，DG 容量↑⇒$\dot{I}_{1后}$↓⇒灵敏度↓⇒保护 1 拒动。当线路 2 末端短路时，保护 1 的Ⅲ作为远后备保护应该动作，但实验中当 DG 的容量为 59. 2MV · A 时，保护 1 实测电流值小于其Ⅲ段整定值，从而保护 1 的Ⅲ段拒动，远后备失效，如图 8-10 和图 8-11 所示。尽管保护 1 的实测电流值会下降，但下游短路本身也不属于保护 1 的Ⅰ、Ⅱ段的保护范围，故此时对保护 1 的Ⅰ、Ⅱ段无影响。相比于保护 2，DG 需要接入很大值时，才有可能使得保护 1 的Ⅲ段拒动，因此 DG 对其上游保护 1 的影响远远小于其对下游保护 2 的影响。

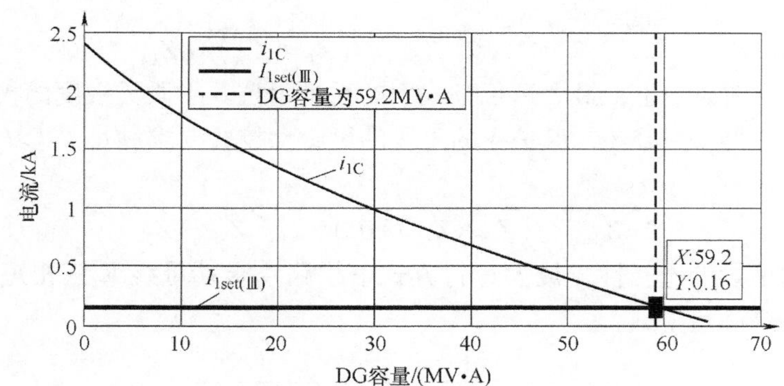

图 8-10　i_{1C}、$I_{1set(Ⅲ)}$ 与 DG 容量的关系

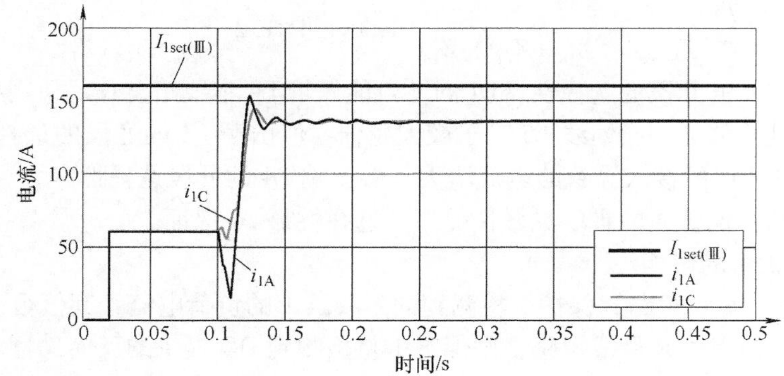

图 8-11　保护 1 的Ⅲ段的整定值及 A、C 相电流值的关系

DG 下游短路时，对于保护 1 而言，只有其Ⅲ段是作为远后备，要想 DG 的接入不导致拒动，则相应灵敏度应满足下式：

$$\frac{\sqrt{3}}{2}\frac{\dot{E}_{\mathrm{S}}}{(Z_{\mathrm{Smax}}+Z_{\mathrm{L1}})//Z_{\mathrm{DG}}+Z_{\mathrm{L2}}}>1.2I_{\mathrm{set.1}}^{\mathrm{III}} \tag{8-25}$$

结论如下：

1）DG 对下游电流起助增作用，可能导致保护误动。

2）DG 对上游电流起削减作用，可能导致保护拒动。

3）DG 对下游保护的影响远远大于其对上游保护的影响。

8.3.3 相邻 E 母线短路

1. 分析对保护 4 的影响

由于 DG 的助增作用，会导致保护 4 的实测电流增大，这有利于提高保护 4 动作的灵敏性，但同时也会使得保护 4 的Ⅰ段范围延伸。当渗透率达到一定值时，保护 4 的Ⅰ段会误动。保护 4 的Ⅰ段的整定值为

$$I_{\mathrm{set.4}}^{\mathrm{I}}=1.2\frac{E_{\mathrm{S}}}{Z_{\mathrm{Smin}}+Z_{\mathrm{L4}}} \tag{8-26}$$

流过保护 4 的两相短路电流为

$$I^{(2)}=\frac{\sqrt{3}}{2}I^{(3)}=\frac{\sqrt{3}}{2}\frac{E_{\mathrm{S}}}{Z_{\mathrm{Smax}}//(Z_{\mathrm{DG}}+Z_{\mathrm{L1}})+\alpha Z_{\mathrm{L4}}} \tag{8-27}$$

式中，Z_{Smax}、Z_{Smin}分别为最小、最大运行方式下的系统阻抗。Ⅰ段灵敏度的校验要求大于被保护线路全长的 15%，故 $\alpha\geqslant 15\%$，保护 4 的Ⅰ段的灵敏性校验要求满足 $I^{(2)}>I_{\mathrm{set.4}}^{\mathrm{I}}$，即

$$\frac{\sqrt{3}}{2}\frac{1}{Z_{\mathrm{Smax}}//(Z_{\mathrm{DG}}+Z_{\mathrm{L1}})+0.15Z_{\mathrm{L4}}}>\frac{1.2}{Z_{\mathrm{Smin}}+Z_{\mathrm{L4}}} \tag{8-28}$$

考虑保护 4 的Ⅰ段的选择性，最大运行方式下线路 4 末端母线 E 三相短路电流应小于其Ⅰ段整定值，即要求满足下式：

$$\frac{1}{Z_{\mathrm{Smin}}//(Z_{\mathrm{DG}}+Z_{\mathrm{L1}})+Z_{\mathrm{L4}}}<\frac{1.2}{Z_{\mathrm{Smin}}+Z_{\mathrm{L4}}} \tag{8-29}$$

满足保护 4 的Ⅱ段灵敏性要求满足下式：

$$\frac{\sqrt{3}}{2}\frac{1}{Z_{\mathrm{Smax}}//(Z_{\mathrm{DG}}+Z_{\mathrm{L1}})+Z_{\mathrm{L4}}}>1.3\times1.1\times1.2\frac{1}{Z_{\mathrm{Smin}}+Z_{\mathrm{L4}}+Z_{\mathrm{L5}}} \tag{8-30}$$

继续分析保护 4 的Ⅱ段的选择性，L4 的Ⅱ段能保护 L4 本线路全长。DG 接入后，使得 L4 的Ⅱ段的范围在其相邻下一条馈线 L5 有了较大延伸，但由于 L4 的Ⅱ段的选择性是靠 Δt 的时限来保证的，所以 DG 的接入导致的电流增大不会影响 L4 的Ⅱ段选择性。

同理分析可知，保护 4 的Ⅲ段灵敏性提高，选择性靠 Δt 保证。

2. 分析对保护 1 的影响

未接入 DG 时，E 点短路，保护 1 检测到的是线路 1 的负荷电流，其值很小。

接入 DG 以后，相邻 E 母线短路，则保护 1 将检测到 DG 提供的反向助增电流：

$$\dot{I}_1=\dot{I}_4\frac{Z_{\mathrm{S}}}{Z_{\mathrm{L1}}+Z_{\mathrm{DG}}+Z_{\mathrm{S}}}=\frac{\dot{E}_{\mathrm{S}}}{(Z_{\mathrm{L1}}+Z_{\mathrm{DG}})//Z_{\mathrm{S}}+Z_{\mathrm{L4}}}\frac{Z_{\mathrm{S}}}{Z_{\mathrm{L1}}+Z_{\mathrm{DG}}+Z_{\mathrm{S}}}=\frac{\dot{E}_{\mathrm{S}}}{(Z_{\mathrm{L1}}+Z_{\mathrm{DG}})Z_{\mathrm{S}}+\frac{Z_{\mathrm{L4}}}{Z_{\mathrm{S}}}(Z_{\mathrm{L1}}+Z_{\mathrm{DG}}+Z_{\mathrm{S}})} \tag{8-31}$$

可见 DG 容量↑⇒$\dot{I}_1$↑⇒保护 1 的电流增加，这很可能引起实测电流值超过保护 1 的Ⅱ段的整定值，从而Ⅱ段误动切除整条非故障线路 1，导致停电范围扩大，严重影响供电可靠性。从式（8-31）可见，相邻线路短路时，$\dot{I}_1 << \dot{I}_4$，即保护 1 误动的可能性远远小于保护 4，DG 对保护 4 的影响更大。

接入 DG 后，以线路 4 首端短路的最严重短路情况进行分析，要满足保护 1 的选择性，则有

$$\frac{\dot{E}_{\mathrm{S}}}{Z_{\mathrm{Smin}}//(Z_{\mathrm{DG}}+Z_{\mathrm{L1}})} < I_{\mathrm{set.1}}^{\mathrm{I}} = 1.2\frac{\dot{E}_{\mathrm{S}}}{Z_{\mathrm{Smin}}+Z_{\mathrm{L1}}} \tag{8-32}$$

式（8-32）很容易满足，这说明相比下游短路保护 2 的Ⅰ段在 DG 作用下误动，相邻线路短路时保护 1 的Ⅰ段误动的可能性要低很多。

8.3.4　DG 上游线路短路

DG 上游 L1 线路某处点 f 发生短路时，故障点 f 的总电流将由系统电源 S 和电源 DG 共同提供，保护 1 检测到的电流大小不受 DG 的影响。但是，由于保护 1 只能检测到由系统电源 S 供给的短路电流，因此其检测值将小于实际短路电流值。从而带来的问题就是，短路电流已经很大了，但原来的保护却检测不到，导致保护 1 拒动，无法切除故障。同时，由于点 f 与 DG 接入点之间没有装设任何的保护装置，因此也就无法切除由 DG 提供给短路点的短路电流。针对此问题，应对措施是，在紧邻 DG 的上游线路 L1 末端增设一套方向保护装置。限于篇幅，此问题将另做深入探讨。

8.4　DG 接入对原有保护的影响因素分析

综合上述分析，不同位置短路时，各保护选择性和灵敏性分析见表 8-2。

基于前面 DG 接入对各保护带来的影响分析，综合对比后可知，无论何处短路，DG 接入配电网后，其对原有保护造成影响程度最大的是，下游短路时 DG 对下游保护的Ⅰ段选择性的影响，即式（8-23）将成为限制 DG 接入容量的最主要因素；同时，需在紧邻 DG 的上游线路末端增设方向保护，以切除 DG 提供的反相短路电流。

表 8-2　不同位置短路时，各保护选择性和灵敏性分析

<table>
<tr><th>短路位置</th><th colspan="12">各保护选择性、灵敏性情况分析</th></tr>
<tr><td rowspan="5">DG 下游线路短路</td><td colspan="6">保护 1</td><td colspan="6">保护 2</td></tr>
<tr><td colspan="2">Ⅰ段</td><td colspan="2">Ⅱ段</td><td colspan="2">Ⅲ段</td><td colspan="2">Ⅰ段</td><td colspan="2">Ⅱ段</td><td colspan="2">Ⅲ段</td></tr>
<tr><td>灵敏性</td><td>选择性</td><td>灵敏性</td><td>选择性</td><td>灵敏性</td><td>选择性</td><td>灵敏性</td><td>选择性</td><td>灵敏性</td><td>选择性</td><td>灵敏性</td><td>选择性</td></tr>
<tr><td>无影响</td><td>无影响</td><td>无影响</td><td>Δt 保证</td><td>见式（8-25）</td><td>Δt 保证</td><td>↑</td><td>见式（8-23）</td><td>↑</td><td>Δt 保证</td><td>↑</td><td>Δt 保证</td></tr>
<tr><td colspan="6">结论：DG 接入使得保护 1 电流减小甚微，DG 接入导致保护 1 拒动的可能性很小</td><td colspan="6">结论：DG 的接入主要影响保护 2 的Ⅰ段选择性，即式（8-23）的限制
应对措施：DG 紧邻的下游保护采用电流电压连锁速断保护</td></tr>
</table>

（续）

<table>
<tr><td>短路位置</td><td colspan="12">各保护选择性、灵敏性情况分析</td></tr>
<tr><td rowspan="5">DG 相邻线路短路</td><td colspan="6">保护 4</td><td colspan="6">保护 1</td></tr>
<tr><td colspan="2">Ⅰ段</td><td colspan="2">Ⅱ段</td><td colspan="2">Ⅲ段</td><td colspan="2">Ⅰ段</td><td colspan="2">Ⅱ段</td><td colspan="2">Ⅲ段</td></tr>
<tr><td>灵敏性</td><td>选择性</td><td>灵敏性</td><td>选择性</td><td>灵敏性</td><td>选择性</td><td>灵敏性</td><td>选择性</td><td>灵敏性</td><td>选择性</td><td>灵敏性</td><td>选择性</td></tr>
<tr><td>见式（8-28）↑</td><td>见式（8-29）</td><td>见式（8-30）↑</td><td>Δt 保证</td><td>↑</td><td>Δt 保证</td><td>↑</td><td>见式（8-32）</td><td>↑</td><td>Δt 保证</td><td>↑</td><td>Δt 保证</td></tr>
<tr><td colspan="6">结论：DG 的接入主要影响保护 4 的Ⅰ段选择性，即式（8-29）的限制
应对措施：保护 4 采用电流电压连锁速断保护</td><td colspan="6">结论：DG 接入对保护 1 的影响远小于对保护 4 的影响，但需增设保护装置以检测 DG 向上游提供的反相短路电流
应对措施：DG 紧邻的上游线路末端增设一套方向保护装置</td></tr>
<tr><td rowspan="4">DG 上游线路短路</td><td colspan="12">保护 1</td></tr>
<tr><td colspan="2">Ⅰ段</td><td colspan="2">Ⅱ段</td><td colspan="2">Ⅲ段</td><td colspan="6" rowspan="3">结论：会导致 DG 提供的短路电流原保护检测不到
应对措施：紧邻 DG 的上游线路末端增设一套方向保护装置</td></tr>
<tr><td>灵敏性</td><td>选择性</td><td>灵敏性</td><td>选择性</td><td>灵敏性</td><td>选择性</td></tr>
<tr><td>↓</td><td>可能拒动</td><td>↓</td><td>Δt 保证</td><td>↓</td><td>Δt 保证</td></tr>
</table>

小结：DG 的接入改变了配电网的拓扑结构，进而会引起保护检测到的电流值发生变化，保护的灵敏性和保护范围都将受到影响。本章以一个典型的 10kV 配电网为模型，研究了不同位置（如相邻线路、下游线路、上游线路）发生短路时，DG 对原有三段式电流保护灵敏性和选择性的影响，分析得到当 DG 下游短路时其对下游保护的Ⅰ段选择性的影响是最大的。这一结论为 DG 接入配电网后继电保护的整定修正提供了重要的参考依据。

参考文献

[1] 史丹，等. 中国能源发展前沿报告（2021）：“十三五”回顾与“十四五”展望［M］. 北京：社会科学文献出版社，2022.

[2] 陈允鹏，黄晓莉，杜忠明，等. 能源转型与智能电网［M］. 北京：中国电力出版社，2017.

[3] 刘振亚，等. 智能电网技术［M］. 北京：中国电力出版社，2010.

[4] 李琦芬，刘华珍，杨涌文，等. 智能电网：智慧互联的“电力大白”［M］. 上海：上海科学普及出版社，2018.

[5] 李立涅，郭剑波，饶宏，等. 智能电网与能源网融合技术［M］. 北京：机械工业出版社，2018.

[6] 冯庆东. 能源互联网与智慧能源［M］. 北京：机械工业出版社，2015.

[7] 王子琦，拜克明，王海明，等. 智能电网与智慧城市［M］. 北京：中国水利水电出版社，2015.

[8] 余贻鑫，等. 智能电网基本理论与关键技术［M］. 北京：科学出版社，2019.

[9] 唐西胜，齐智平，孔力. 电力储能技术及应用［M］. 北京：机械工业出版社，2019.

[10] 华志刚，等. 储能关键技术及商业运营模式［M］. 北京：中国电力出版社，2019.

[11] 国家发展改革委，国家能源局. 能源技术革命创新行动计划（2016—2030 年）［EB/OL］.（2016-06-01）［2023-03-13］http://www.gov.cn/xinwen/2016-06/01/5078628/files/d30fbe1ca23e45f3a8de7e6c563c9ec6.pdf.

[12] 余建华，孟碧波，李瑞生，等. 分布式发电与微电网技术及应用［M］. 北京：中国电力出版社，2018.

[13] 詹金斯，埃克纳亚克，托巴克. 分布式发电［M］. 赫卫国，朱凌志，周昶，等译. 北京：机械工业出版社，2016.

[14] 艾芊. 虚拟电厂：能源互联网的终极组态［M］. 北京：科学出版社，2018.

[15] 崔丽. MATLAB 小波分析与应用：30 个案例分析［M］. 北京：北京航空航天大学出版社，2016.

[16] 孙延奎. 小波变换与图像、图形处理技术［M］. 2 版. 北京：清华大学出版社，2017.

[17] 龚静，等. 配电网综合自动化技术［M］. 3 版. 北京：机械工业出版社，2018.

[18] 龚静. 小波分析在电能质量检测中的应用研究［M］. 北京：机械工业出版社，2018.

[19] 余贻鑫. 智能电网实施的紧迫性和长期性［J］. 电力系统保护与控制，2019，47（17）：1-5.

[20] 杨剑锋，姜爽，石戈戈. 基于分段改进 S 变换的复合电能质量扰动识别［J］. 电力系统保护与控制，2019，47（9）：64-71.

[21] 许立武，李开成，罗奕，等. 基于不完全 S 变换与梯度提升树的电能质量复合扰动识别［J］. 电力系统保护与控制，2019，47（6）：24-31.

[22] LI J W，QIN G，LI Y G，et al. Research on power quality disturbance identification and classification technology in high noise background［J］. IET generation，transmission & distribution，2019，13（9）：1661-1671.

[23] 胡明，郭健鹏，李富强，等. 基于自适应 CEEMD 方法的电能质量扰动检测与分析［J］. 电力系统保护与控制，2018，46（21）：103-110.

[24] WANG Y，LI Q Z，ZHOU F L，et al. A new method with hilbert transform and slip-SVD-based noise-suppression algorithm for noisy power quality monitoring［J］. IEEE Transactions on Instrumentation and Measurement，2019，68（4）：987-1001.

[25] 王文飞，周雒维，李绍令，等. 采用改进 CPSO 动态搜索时频原子的电能质量扰动信号去噪方法［J］. 电网技术，2018，42（12）：4129-4137.

[26] 刘震宇，刘振英，范贺明. 基于 EMD-ICA 的高压电缆局部放电信号去噪研究［J］. 电力系统保护与控制，2018，46（24）：83-87.

[27] 陈中，唐浩然，邢强，等. 计及随机时滞与丢包的电力系统广域信号预测补偿方法［J］. 电力系统保护与控制，2019，47（15）：31-39.

[28] 谢军，刘云鹏，刘磊，等. 局放信号自适应加权分帧快速稀疏表示去噪方法［J］. 中国电机工程学报，2019，39（21）：6428-6438.

[29] 张煜林，陈红卫. 基于 CEEMD-WPT 和 Prony 算法的谐波间谐波参数辨识［J］. 电力系统保护与控制，2018，46（12）：115-121.

[30] SHARIF M I，LI J P，SHARIF A. A noise reduction based wavelet denoising system for partial discharge signal［J］. Wireless personal communications：An Internaional Journal，2019，108（3）：1329-1343.

[31] SUN K，ZHANG J，SHI W W，et al. Extraction of partial discharge pulses from the complex noisy signals of power cables based on ceemdan and wavelet packet［J］. Energies，2019，12（17）：3242-3259.

[32] 周凯，黄永禄，谢敏，等. 短时奇异值分解用于局放信号混合噪声抑制［J］. 电工技术学报，2019，34（11）：2435-2443.

[33] DING W S，LI Z G. Research on adaptive modulus maxima selection of wavelet modulus maxima denoising［J］. The Journal of Engineering，2019（13）：175-180.

[34] 刘思议，金涛，刘对. 基于改进小波阈值去噪和 RCRSV-MP 算法的电力系统低频振荡模态辨识［J］. 电力自动化设备，2017，37（8）：166-172.

[35] 孙曙光，庞毅，王景芹，等. 一种基于新型小波阈值去噪预处理的 EEMD 谐波检测方法［J］. 电力系统保护与控制，2016，44（2）：42-48.

[36] SRIVASTAVA M，GEORGIEVA E R，FREED J H. A new wavelet denoising method for experimental time-domain signals：pulsed dipolar electron spin resonace［J］. The Journal of Physical Chemistry A，2017，121（12）：2452-2465.

[37] 李清泉，秦冰阳，司雯，等. 混合粒子群优化小波自适应阈值估计算法及用于局部放电去噪［J］. 高电压技术，2017，43（5）：1485-1492.

[38] 英格里德·道贝切斯. 小波十讲［M］. 贾洪峰，译. 北京：人民邮电出版社，2017.

[39] 唐向宏，李齐良. 时频分析与小波变换［M］. 2 版. 北京：科学出版社，2016.

[40] OUSSAMA K，ZINE-EDDINE B，GERALD S. Power shrinkage—curvelet domain image denoising using a new scale-dependent shrinkage function［J］. Signal Image and Video Processing，2019，13（7）：1347-1355.

[41] 王维博，董蕊莹，曾文入，等. 基于改进阈值和阈值函数的电能质量小波去噪方法［J］. 电工技术学报，2019，34（2）：409-418.

[42] DENG Y P，WANG L，JIA H，et al. A sequence-to-sequence deep learning architecture based on bidirectional GRU for type recognition and time location of combined power quality disturbance［J］. IEEE Transactions on Industrial Informatics，2019，15（8）：4481-4493.

[43] UTKARSH S，SHYAM N S. Application of fractional Fourier transform for classification of power quality disturbances［J］. IET Science Measurement & Technology，2017，11（1）：67-76.

[44] 刘宇舜，周文俊，李鹏飞，等. 基于广义 S 变换模时频矩阵的局部放电特高频信号去噪方法［J］. 电工技术学报，2017，32（9）：211-220.

[45] 范小龙，谢维成，蒋文波，等. 一种平稳小波变换改进阈值函数的电能质量扰动信号去噪方法［J］. 电工技术学报，2016，31（14）：219-226.

[46] 柯慧，顾洁. 电能质量信号的小波阈值去噪［J］. 电力系统及其自动化学报，2010，22（2）：103-108.

[47] 姚建红，张海鸥，张守宇，等. 改进小波阈值算法在电能质量去噪中的应用［J］. 自动化与仪器仪表，2016（2）：57，58，61.

[48] DONOHO D L. De-noising by soft thresholding［J］. IEEE Transactions on Information Theory，1995，41（3）：613-627.

[49] 邸继征，银俊成. 小波分析应用解析［M］. 北京：科学出版社，2017.

[50] WANG Y, LI Q Z, ZHOU F L. Transient power quality disturbance denoising and detection based on improved iterative adaptive kernel regression [J]. 现代电力系统与清洁能源学报（英文版），2019（3）：644-657.

[51] THIRUMALA K, SHANTANU, JAIN T, et al. Visualizing time-varying power quality indices using generalized empirical wavelet transform [J]. Electric Power Systems Research, 2017, 143: 99-109.

[52] LAN S, HU Y Q, KUO C C. Partial discharge location of power cables based on an improved phase difference method [J]. IEEE Transactions on Dielectrics and Electrical Insulation, 2019, 26 (5): 1612-1619.

[53] ISMAEL U S, JOSE R R H, DAVID G L, et al. Instantaneous power quality indices based on single-sideband modulation and wavelet packet-Hilbert transform [J]. IEEE Transactions on Instrumentation and Measurement, 2017, 66 (5): 1021-1031.

[54] 周金，高云鹏，吴聪，等. 基于改进小波阈值函数和CEEMD电能质量扰动检测 [J]. 电子测量与仪器学报，2019，33（1）：141-148.

[55] 净亮，邵党国，相艳，等. 基于支持向量机的自适应均值滤波超声图像降噪 [J]. 电子测量与仪器学报，2020，34（3）：1-8.

[56] 崔少华，李素文，汪徐德，等. BP神经网络和SVD算法联合的地震数据去噪方法 [J]. 电子测量与仪器学报，2020，34（2）：12-19.

[57] 何乐，丰鑫，吴华明，等. 直线型光纤Sagnac干涉仪声传感器及其去噪方法研究 [J]. 仪器仪表学报，2019，40（9）：70-77.

[58] 牛惠平，成林，李亚娟，等. 基于小波熵优化的高压电缆局部放电信号降噪算法研究 [J]. 电子测量技术，2019，42（12）：42-45.

[59] 谢丽娟，路锋，王旭，等. 一种用于信号去噪的小波阈值去噪算法 [J]. 国外电子测量技术，2020，39（4）：32-36.

[60] 孙万麟，王超. 基于改进的软阈值小波包网络的电力信号消噪 [J]. 海军工程大学学报，2019，31（4）：79-82.

[61] 马星河，朱昊哲，刘志怀，等. 基于VMD的电力电缆局部放电信号自适应阈值降噪方法 [J]. 电力系统保护与控制，2019，47（23）：145-151.

[62] 赵书涛，马莉，朱继鹏，等. 基于CEEMDAN样本熵与FWA-SVM的高压断路器机械故障诊断 [J]. 电力自动化设备，2020，40（3）：181-186.

[63] 牛海清，宋廷汉，罗新，等. 基于S变换与奇异值分解的局部放电信号去噪方法 [J]. 华南理工大学学报（自然科学版），2020，48（2）：9-15.

[64] 贺家李，李永丽，董新洲，等. 电力系统继电保护原理 [M]. 5版. 北京：中国电力出版社，2018.

[65] CHEN J W, CHU E L, LI Y C, et al. Faulty feeder identification and fault area localization in resonant grounding system based on wavelet packet and Bayesian classifier [J]. 现代电力系统与清洁能源学报（英文版），2020，8（4）：760-767.

[66] ZHAO J W, HOU H, GAO Y, et al. Single-phase ground fault location method for distribution network based on traveling wave time-frequency characteristics [J]. Electric Power Systems Research, 2020, 186: 106401. 1-9.

[67] ROY S, DEBNATH S. PSD based high impedance fault detection and classification in distribution system [J]. Measurement, 2021, 169: 108366. 1-17.

[68] TONG Z, YU H B, PENG Z, et al. Single phase fault diagnosis and location in active distribution network using synchronized voltage measurement [J]. International journal of electrical power and energy systems, 2020, 117: 105572. 1-8.

[69] NUNES J U N, BRETAS A S, BRETAS N G, et al. Distribution systems high impedance fault location: A spectral domain model considering parametric error processing [J]. International journal of electrical power and energy systems, 2019, 109: 227-241.

[70] GUO M F, ZENG X D, CHEN D Y, et al. Deep-learning-based earth fault detection using continuouswavelet

transform and convolutional neural network in resonant grounding distribution systems [J]. IEEE Sensors Journal, 2018, 18 (3): 1291-1300.

[71] ZHU J R, MU L H, MA D, et al. Faulty line identification method based on Bayesian optimization for distribution network [J]. IEEE Access, 2021, 9: 83175-83184.

[72] WANG Y K, YIN X, XU W, et al. Fault line selection in cooperation with multi-mode grounding control for the floating nuclear power plant grid [J]. Protection and Control of Modern Power Systems, 2020, 5 (1): 164-173.

[73] WANG X W, GAO J, WEI X X, et al. High impedance fault detection method based on variational mode decomposition and Teager-Kaiser energy operators for distribution network [J]. IEEE Transactions on Smart Grid, 2019, 10 (6): 6041-6054.

[74] ALI K, MAHMOUD O S. Single phase fault location in four circuit transmission lines based on wavelet analysis using ANFIS [J]. Journal of Electrical Engineering & Technology, 2019, 14 (3): 1577-1584.

[75] TONG N, LIN X N, SUI Q, et al. An online energy-tracking-based approach for fault-identification applies to the NUGS [J]. International Journal of Electrical Power and Energy Systems, 2020, 105902.

[76] LIN C, GAO W, GUO M F. Discrete wavelet transform-based triggering method for single-phase earth fault in power distribution systems [J]. IEEE Transactions on Power Delivery, 2019, 34 (5): 2058-2068.

[77] SHI F, Z L L, ZHANG H X, et al. Diagnosis of the single phase-to-ground fault in distribution network based on feature extraction and transformation from the waveforms [J]. IET Generation Transmission & Distribution, 2020, 14 (25): 6079-6086.

[78] ABOSHADY F M, THOMAS D W P, SUMNER M. A new single end wideband impedance based fault location scheme for distribution systems [J]. Electric Power Systems Research, 2019, 173: 263-270.

[79] ALI T, PETER J W, SYED I, et al. A. Fault location on radial distribution networks via distributed synchronized traveling wave detectors [J]. IEEE Transactions on Power Delivery, 2020, 35 (3): 1553-1562.

[80] 戴锋，叶昱媛，刘贞瑶，等. 基于S变换及同步相量测量的输电线路故障定位研究 [J]. 电测与仪表，2020，57 (8)：13-19，44.

[81] NIU L, WU G Q, XU Z S. Single-phase fault line selection in distribution network based on signal injection method [J]. IEEE Access, 2021, 9: 21567-21578.

[82] INDRA M K, RAMAKRISHNA G. Fault location in ungrounded photovoltaic system using wavelets and ANN [J]. IEEE Transactions on Power Delivery, 33 (2): 549-559.

[83] SHAO W Q, BAI J, CHENG Y, et al. Research on a faulty line selection method based on the zero-sequence disturbance power of resonant grounded distribution networks [J]. Energies, 2019, 12 (5): 1-18.

[84] 王建元，朱永涛，秦思远. 基于方向行波能量的小电流接地系统故障选线方法 [J]. 电工技术学报，2021，36 (19)：4085-4096.

[85] YANG Z Q, LI Y J, XIANG J. Coordination control strategy for power management of active distribution networks [J]. IEEE Transactions on Smart Grid, 2019, 10 (5): 5524-5535.

[86] TOHID S I A, HOSSEIN K K, HATEM H Z. Variable tripping time differential protection for microgrids considering DG stability [J]. IEEE Transactions on Smart Grid, 2019, 10 (3): 2407-2415.

[87] 盛万兴，吴鸣，季宇，等. 分布式可再生能源发电集群并网消纳 关键技术及工程实践 [J]. 中国电机工程学报，2019，39 (8)：2175-2186.

[88] IEEE. 1547-2018-IEEE standard for interconnection and interoperability of distributed energy resources with associated electric power systems interfaces [S]. New York: IEEE, 2018.

[89] SHEN S F, LIN D, WANG H F, et al. An adaptive protection scheme for distribution systems with DGs based on optimized thevenin equivalent parameters estimation [J]. IEEE Transactions on Power Delivery, 2017, 32 (1): 411-419.

[90] TOHID S A, HOSSEIN K K, HATEM H Z. Transient stability constrained protection coordination for

distribution systems with DG [J]. IEEE Transactions on Smart Grid, 2018, 9 (6): 5733-5741.

[91] SADEGH J, HOSSEIN B B. Protection method for radial distribution systems with DG using local voltage measurements [J]. IEEE Transactions on Power Delivery, 2019, 34 (2): 651-660.

[92] KATIANI P, BENVINDO R P, JAVIER C, et al. A multiobjective optimization technique to develop protection systems of distribution networks with distributed generation [J]. IEEE Transactions on Power Systems, 2018, 33 (6): 7064-7075.

[93] GABER M, SHABIB G, ADEL A E, et al. A novel coordination scheme of virtualinertia control and digital protection for microgrid dynamic security considering high renewable energy penetration [J]. IET Renewable Power Generation, 2019, 13 (3): 462-474.

[94] 吴悦华，高厚磊，徐彬，等. 有源配电网分布式故障自愈方案与实现 [J]. 电力系统自动化 2019, 43 (9): 140-146.

[95] JAMES J Q Y, HOU Y H, ALBERT Y S L, et al. Intelligent fault detection scheme for microgrids with wavelet-based deep neural networks [J]. IEEE Transactions on Smart Grid, 2019, 10 (2): 1694-1703.

[96] 徐玉韬，吴恒，谈竹奎，等. 适用于微电网的变频式继电保护方案 [J]. 电工技术学报，2019, 34 (z1): 360-367.

[97] 喻锟，林湘宁，李浩，等. 考虑分布式电源稳定助增效应的电压修正反时限过电流保护方案 [J]. 中国电机工程学报，2018, 38 (3): 716-726.

[98] 邓景松，王英民，孙迪飞，等. 基于配电网电流保护约束的分布式 光伏电源容量分析 [J]. 电工技术学报，2019, 34 (z2): 629-636.

[99] MOHAMMAD GHANAATIAN, SAEED LOTFIFARD. Sparsity-Based Short-Circuit Analysis of Power Distribution Systems With Inverter Interfaced Distributed Generators [J]. IEEE Transactions on Power Systems, 2019, 34 (6): 4857-4868.

[100] 周孝信，鲁宗相，刘应梅，等. 中国未来电网的发展模式和关键技术 [J]. 中国电机工程学报，2014, 34 (29): 4999-5008.

[101] 王江海，邰能灵，宋凯，等. 考虑继电保护动作的分布式电源在配电网中的准入容量研究 [J]. 中国电机工程学报，2010, 30 (22): 37-43.

[102] 曾德辉，王钢，郭敬梅，等. 含逆变型分布式电源配电网自适应电流速断保护方案 [J]. 电力系统自动化，2017, 41 (12): 86-92.